全比较问题
数据分发策略研究

高静 李雷孝 田玉楚 著

清华大学出版社
北京

内 容 简 介

本书针对大数据计算中全比较问题的数据分发策略进行了系统的研究。在对全比较问题本身、全比较问题研究进展、全比较问题形式化描述进行研究分析的基础上,着重介绍了基于整数规划的基因组序列比对大数据分发模型、基于启发式的基因组序列比对大数据分发模型、基于粒子群优化的全比较计算数据分发策略、文件切分方案评价模型研究与构建和面向全比较问题的分布式文件分发框架构建等内容。本书提出的数据分发策略可以充分利用分布式系统的计算资源,提高多序列比对任务计算的效率。

本书适合作为计算机、软件工程、生物信息、数据科学与大数据技术等专业领域本科生、研究生的参考用书,也可供大数据计算等相关领域的科研、教学和工程技术人员参考。

图书在版编目(CIP)数据

全比较问题数据分发策略研究/高静,李雷孝,田玉楚著. —北京:清华大学出版社,2021.10(2022.8重印)
ISBN 978-7-302-59039-2

Ⅰ. ①全… Ⅱ. ①高… ②李… ③田… Ⅲ. ①数据模型 Ⅳ. ①TP311.13

中国版本图书馆 CIP 数据核字(2021)第 178835 号

责任编辑:张 玥 常建丽
封面设计:常雪影
责任校对:刘玉霞
责任印制:曹婉颖

出版发行:清华大学出版社
　　　　　网　　　　址:http://www.tup.com.cn,http://www.wqbook.com
　　　　　地　　　　址:北京清华大学学研大厦 A 座　　　　邮　　　编:100084
　　　　　社 总 机:010-83470000　　　　邮　　　购:010-62786544
　　　　　投稿与读者服务:010-62776969,c-service@tup.tsinghua.edu.cn
　　　　　质量反馈:010-62772015,zhiliang@tup.tsinghua.edu.cn
　　　　　课件下载:http://www.tup.com.cn,010-83470236
印 装 者:三河市铭诚印务有限公司
经　　销:全国新华书店
开　　本:185mm×230mm　　　　印　　张:11.25　　　　字　　数:149 千字
版　　次:2021 年 11 月第 1 版　　　　印　　次:2022 年 8 月第 2 次印刷
定　　价:68.00 元

产品编号:090222-01

前　言

全比较问题是一类特殊的计算问题,广泛存在于生物信息学、生物测定学和数据挖掘等领域。生物信息学中的序列比对、聚类分析以及当前的研究热点全局网络比对均属于典型的全比较计算问题。分布式计算系统由于具有高性能、高可靠性和高可扩展性等优点,被广泛地用于解决大规模的计算问题,包括全比较计算。它把一个大问题分解为多个小问题,然后把每个小问题交给分布式系统中的各个计算节点来处理。然而,它的性能依赖于数据分发、任务分解和任务调度策略。本书主要阐述了全比较问题的数据分发问题,提出了3种数据分发策略以充分利用分布式系统的计算资源,提高多序列比对任务计算效率,具有一定的创新性,可为相关领域研究者进行大数据计算研究工作提供参考模型,也可为构建生物信息序列比对大数据平台提供基础。

本书首先阐述全比较问题的本质、形式化描述和研究现状,提出了基于混合整数规划、启发式算法和粒子群优化算法的3种数据分发策略,并通过相关实验验证了模型算法的有效性,在此基础上构建了文件切分方案评价模型,实现了面向全比较问题的分布式文件分发框架系统。

全书共分为6章:第1章为绪论,主要介绍全比较问题的研究背景与意义及其全比较问题的形式化描述、全比较问题中文件分发策略研究现状、基因组序列比对大数据分发模型研究现状以及大数据技术;第2章为基于整数规划的基因组序列比对大数据分发模型,主要构建了一个满足数据本地化、存储均衡且不超过节点存储上限、节点负载均衡等条件的多目标最优化通用数据文件分发模型,并通过实验验证了模型的有效性;第3章为基于启发式的基因组序列比对大数据分发模型,提出了一种可扩展的、高效的数据分发策略,并在此基础上提出了一种静态任务调度策略,用于分配具有良好数据本地化和系统负载平衡的比较任务,针对模型存在的问题进行优化和改进,提出了一种基于模拟退火的、可扩展的、高效的数据分发策略,用于均匀分布系统中全比较问题的分布式计算,最后通过实验验证了模型算法的高性能、可扩展性;第 4 章为基于粒子群优化的全比较计算数据分发策略,提出了基于粒子群优化算法的数据分发模型 DDBPSO 及相关算法,实验结果表明,DDBPSO 模型给出的数据分发方案可以实现任务所需数据文件的完全本地化,能够降低分布式系统中存储空间的使用;第 5 章为文件切分方案评价模型研究与构建,针对大文件切分方案构建了文件切分评价模型并设计切分方案中 m 值的确定算法,并对文件切分算法和文件合并算法进行了研究;第 6 章为面向全比较问题的分布式文件分发框架构建,主要阐述了分布式文件分发框架结构设计、文件分发策略计算、文件传输和分布式文件分发系统实现,介绍了分布式文件分发原型系统。

在本书的编写过程中,我们参阅了很多同行的科研成果,得到了多位同行专家的指导,在此表示感谢。在本书的编辑出版过程中,得到了硕士研究生邓丹、博士研究生刘振宇等的支持和帮助,还得到了清华大学出版社张玥编辑的大力支持,在此一并表示感谢。

本书由内蒙古自治区农牧业大数据研究与应用重点实验室、内蒙古自治区科技重大专项(2019ZD016,2019ZD015)、国家自然科学基金(61462070)、内蒙古自然科学基金(2019MS03014,2019MS06027)、内蒙古自治区科技计划项目(2019GG372,2019GG273,2020CG0073,2020GG0094)联合资助。

由于作者水平有限,书中难免有不妥和疏漏之处,恳请各位专家、同仁和读者不吝赐教和批评指正。

作　者

2021 年 3 月

目　　录

第1章 绪 论

1.1 引言

全比较问题(all-to-all comparison problem)是一类特殊的计算问题,广泛存在于生物信息学、生物测定学和数据挖掘等领域[1]。在生物信息学中,比较不同物种的基因序列可以对谱系关系进行推断[2]。在生物测定学中,一个典型的全比较问题是通过对生物测定学数据库中的大量数据进行成对比较来识别人的生理特征,如面部识别、指形判断、手掌扫描[3]。在数据挖掘中,相似矩阵的计算是分类和聚类分析中的一个关键步骤,它表示被考虑对象之间的相似度[4-5]。生物信息学中的序列比对、聚类分析[6]以及当前的研究热点——全局网络比对,均属于典型的全比较计算问题[7]。

全比较计算代表了一种典型的计算模式,即数据集中的每个数据都要和该数据集中的其他所有的数据做一次比较计算[8-9]。当数据集中的文件个数或者文件所包含的数据变大时,全比较计算的规模随之变大[10]。基于分布式存储架构的分布式计算系统由于具有高性能、高可靠性、高可扩展性等优点,被广泛地用于解决大规模的计算问题,包括全比较计算。它把一个大问题分解为多个小问题,然后把每个小问题交给分布式系统中的各个节点来处理[2]。然而,它的性能依赖于数据分配、任务分解和任务调度策略。

随着网络技术和相关算法的飞速发展,人们对数据密集型应用的需求越来越多,各类的数据密集型应用已经遍布生活的方方面面。这就要求数据密集型应用在为我们提供高效数据服务的同时还能考虑到系统整体的性能和能耗。以 MapReduce 编程模型实现的分布式系统可以通过增加更多的计算节点来提高系统的整体性能[11]，这样就会导致在数据分析平台的搭建过程中盲目地增加计算节点来提升系统性能，这种行为并不具有经济性[12]。大量的计算节点在缺乏有效的管理策略的情况下会导致无法充分利用数据节点的运算能力从而降低系统的性能和增加能耗。充分利用节点的运算能力，降低系统能耗是提高分布式存储运算系统性能和降低能耗的关键[13-15]。分布式集群系统下全比较问题中分发到节点的数据量和节点的比较计算任务量是密切相关的。现在的分布式集群系统数据分发仍然缺乏有效的管理和数据布局策略，存在的主要问题如下。

（1）盲目对集群进行扩展来提高分布式运算的性能，导致单个节点的性能利用率不足，造成大量的能源浪费。

（2）数据分发不均衡，导致大部分节点中存储着少量的数据同时以高能耗的方式运行，产生大量的能耗。

（3）在进行数据分配时，缺乏对数据相关性的考虑，这样就会造成数据迁移而产生数据传输消耗和网络流量负载，从而降低系统的性能。

（4）由于各个节点数据分发的不均衡导致各个节点的计算负载不均衡，造成计算任务少的节点等待计算任务多的节点完成任务，降低了系统的性能[3]。

为了有效解决上述问题，提高分布式系统整体的计算性能并且产生较少的能耗，本书提出一种分布式系统下全比较问题的数据分发策略。该策略利用图理论对全比较问题进行形式化描述，利用数学建模技术构建一个满足数据本地化、节点负载均衡、节点存储占用最小且均衡、不超过节点存储上限等条件的多目标最优化数据文件分发模型，并对数据文件分发策略进行设计，提出一种对数据集中数据文件的分发策略；针对一个大的基因序列文件，根据实际应用情况设定各个目标重要程度系数，构建面向全比对问题的文件切分评价模型，并结合本书构建的多目标最优化数据文件分发模型，提出确定最优文件切分份数算法；基于本书提出的文件分发策略，构建基于 Hadoop 框架的分布式文件分发系统。

随着人类基因组计划的开展,生物信息学作为生命科学的核心学科也在不断地向前发展。而序列比对是生物信息学中一个非常重要的操作,是基本的处理信息的方法。将大量累积的核酸和蛋白质序列进行比对,对于发现生物序列的功能、结构和进化信息具有重要的意义。

近年来,随着高通量测序技术的迅猛发展和众多物种的全基因组测序计划的实施,基因组数据大量产出,呈海量增长趋势。分析大规模的全基因组数据的功能需要新的算法、软件和强大的计算平台的支持[16-17]。全基因组比对往往是进行基因组分析的第一步。不同亲缘关系物种的基因序列比对能够鉴定出编码序列、非编码调控序列,以及给定物种的独有序列,可以了解不同物种的核苷酸组成和基因顺序方面的异同,进而揭示基因潜在的功能,阐明物种进化关系及基因组的内在结构。由此可见,生物信息学中的序列比对算法的研究具有非常重要的理论意义和实践意义。

基因序列比对尤其是海量基因序列比对是一种耗时的计算任务,如何提高比对速度是当前生物计算领域的研究热点。比对算法的并行化设计是提高比对速度的关键环节。本书选取了敏感性强、典型的基因序列比对算法Smith-Waterman 和 BLAST,进行深入研究与分析,并将算法在 Spark 平台上进行并行化设计,通过算法准确性实验、集群多节点对比实验、集群不同节点对比实验、可扩展性实验等多组实验,验证了并行化算法的准确率、执行速度、效率和扩展性。基因序列比对算法的并行化研究与实现,为构建一个高效、快速、稳定的智能基因序列大数据比对平台奠定了坚实的基础。

1.2　全比较问题及全比对数据分发问题的形式化描述

全比较计算是对一个数据集中所有数据项进行两两比较。全比较问题可以通过图来进行表示,如图 1.1 所示,其中顶点表示要进行比较的数据文件,边表示两个数据文件之间的比较任务。例如,一个全比较问题有 m 个数据文件,比较任务的总数是 $m(m-1)/2$。因此,全比较问题是一个具有 m 个顶点和 $m(m-1)/2$ 条边的图[1]。

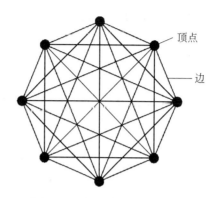

图 1.1　全比较问题图表示

在基于分布式存储的分布式集群环境下实现大数据集全比较计算(所有数据文件的两两比较),首先将数据集中的所有数据文件分发到分布式系统的各个计算节点上,然后进行数据文件的两两比较任务。在数据文件分发过程中,要充分考虑比较数据文件本地化、计算任务负载均衡、节点平均计算量、节点存储量、数据传输、网络带宽等因素对整个系统计算性能的影响。为了提高分布式系统的整体计算性能,数据文件分发必须满足以下条件。

(1) 实现进行比较的数据文件本地化,即在一个节点上进行比较的两个文件必须保存在该节点上。

(2) 使得节点存储量最小,分发到节点上的数据不能超过该节点的存储上限。

(3) 使得每个节点上的比较计算任务负载均衡。

本书的研究都是在"分布式集群环境中节点均为同构的"这一假设的前提下进行的。节点同构即每个节点的 CPU 核心数、内存容量、硬盘容量等硬件配置,以及网络带宽、软件配置均是相同的。在分布式集群中进行数据文件分发实验时,杜绝开启集群中任何节点的任何无关服务,保证实验不受其他因素干扰。数据文件本地化即将计算任务所需的数据文件存储到当前节点上,通过这种方式可以避免网络带宽引起的数据传输慢、网络震荡等对计算时间的影响。节点存储量即分布式集群环境下各个节点的硬盘存储大小。负载均衡即分布式集群环境下各个节点所分配的计算任务量大小是否均衡。

　　为了便于描述,在此对本书中所有使用到的符号进行描述说明,如表 1.1 所示。

表 1.1　符号描述

序号	符　　号	符　号　描　述
1	m	数据文件个数
2	n	分布式系统中的计算节点个数
3	s	m 行 1 列矩阵,表示每个数据文件的大小
4	$s_i(i=1,2,\cdots,m)$	第 i 个数据文件的大小
5	u	n 行 1 列矩阵,表示分布式系统中每个节点的最大存储上限
6	$u_i(i=1,2,\cdots,n)$	第 i 个计算节点的存储容量大小
7	$w_{ij}(i=1,2,\cdots,m;j=1,2,\cdots,m)$	文件 i 与文件 j 比较任务的大小
8	$c_{ij}(i=1,2,\cdots,m;j=1,2,\cdots,m)$	文件 i 与文件 j 比较任务的计算量
9	$x_{kt}[k=1,2,\cdots,m(m-1)/2;t=1,2,\cdots,n]$	是否将第 k 项任务分派给第 t 个节点
10	$W_{kt}=w_{ijt}$	分派给第 t 个节点第 k 项任务的大小(第 k 项任务对应的文件编号为 i,j)
11	$C_{kt}=c_{ijt}$	分派给第 t 个节点第 k 项任务的计算量(第 k 项任务对应的文件编号为 i,j)
12	taskno	任务编号
13	av_work	理论上每个计算节点应分配的平均任务量
14	$deci$	任务与数据文件对应关系矩阵

序号	符　号	符　号　描　述
15	*result*	任务分配结果矩阵
16	*f*	目标函数变量系数矩阵
17	*aeq*	等式约束变量系数矩阵
18	*beq*	等式约束变量资源矩阵
19	*a*	不等式约束系数矩阵
20	*b*	不等式约束资源矩阵
21	LB	变量下限
22	UB	变量上限
23	$[X,Y]$	X 为求得变量值,Y 为最优解

1.3　全比较问题研究动态

全比较问题广泛存在于生物信息学序列比对、聚类分析、数据挖掘和全局网络比对等应用领域,但在不同领域解决该类问题的原则是相同的。现有的全比较问题分布式处理解决方案普遍将计算处理分为数据分发和比较任务调度两个独立的阶段。具有代表性的数据分发策略:一种是将所有数据文件复制到分布式系统中的各个节点的数据分发策略;另一种是利用 Hadoop 分布式数据计算框架的数据分发策略。

1. 将所有数据文件复制到分布式系统中各个节点的数据分发策略

针对全比较问题,文献[18-20]提出了将所有数据文件复制到分布式系统中各个节点的解决方案。其中文献[18]设计了一个计算框架,针对每一个比较任务所需的数据,提出了一个生成树算法,有效地将数据传送到分布式系统中的每一个节点。文献[19]提出了一种 MPI/OpenMP 混合并行策略,在异构多核集群上运行 DIALIGN-TX 算法。作者通过比较不同的任务分配策略,选择其中最优化的任务分配策略。文献[20]在 CPU-GPU 混合异构计算系统上优化了 BLAST 算法,研究成果通过测试运行速度达到 BLAST 算法的 6 倍。对于数据量不是特别大的全比较问题而言,将所有数据分发给各个节点是一种广泛使用的数据分发策略。

将所有数据分发给各个节点有其优缺点。优点是各个节点存储着所有数据,实现了数据的完全本地化,容易实现负载均衡。缺点是:

(1) 数据传输消耗时间较长,网络通信成本较高;

(2) 各个节点存储的数据中很大一部分没有被用于比较任务,浪费了大量的存储资源。

这两个缺点对于处理数据规模比较大的情况而言变得更加明显。全比较问题是一类组合问题,处理大规模数据的复杂性随着数据规模的增大呈指数增长[21-22]。

2. 利用 Hadoop 分布式数据计算框架的数据分发策略

Hadoop 是一种基于 MapReduce 的计算模式,被广泛应用处理大数据问题。近年来许多专家学者使用 Hadoop 计算框架来解决全比较应用。CloudBurst[23]采用 Hadoop 计算框架实现并行化一个特殊的读取映射算法,优化了人类基因组和其他的参考基因的测序数据。在一个具有 24 核处理器的同构集群对 CloudBurst 进行测试,测试结果显示 CloudBurst 实现比在一个单核处理器执行高达 30 倍的速度。同样,MRGIS[24]是一个采用 Hadoop 实现的、应用在地理信息科学领域的并行分布式技术计算平台,并在一个具有 32 个同构计算节点的 Hadoop 环境中测试了 MRGIS 系统的效率。上述解决方案的成功实施得益于 Hadoop 的扩展性、冗余性、自动监控、简单应用编程接口等优点,但是这些方案都是应用于特定领域的,并不适用于不同应用领域处理大规模数据的一般性全比较问题。

针对大规模数据的全比较问题,利用 Hadoop 计算框架效率是比较低的,原因有以下两方面。

(1) Hadoop 计算框架是基于 MapReduce 的计算模式,这和全比较问题中需要的成对数据进行比较的模式在本质上是不同的。MapReduce 计算模式中每一个数据项可以单独进行处理,而全比较问题要求成对数据进行比较处理。Hadoop 计算框架采用文件随机分发机制并且每一个数据文件具有一个固定的数据副本(默认为 3),Hadoop 的数据分发策略并没有考虑数据比较任务的数据本地化要求[25-27]。如果尝试在全比较问题中采用 Hadoop 的数据分发策略将导致在运行时需要重新分配节点之间的数据,文献[28]中的实验结果表明,由于在 Map 和 Communication 之间进行频繁切换,Hadoop 执行效率比较低。

(2) Hadoop 计算框架不能保证各个节点的比较任务计算的负载均衡,但这恰恰是全比较问题中缩短比较任务总执行时间的一个关键要求。

针对上述两种方案所采用全比较问题数据分发策略存在的问题,不少专家学者又提出了基于约束条件组合优化和基于图覆盖的数据分发策略。

3. 基于约束条件组合优化的数据分发策略

昆士兰科技大学的 Yi-Fan Zhang、Yu-Chu Tian 等近年来对分布式系统下全比较问题的数据分发策略、任务调度方法和计算框架进行了深入的研究,其研究成果在文献[1,10,29-31]中进行了阐述。文献[29]针对同构分布式系统中的全比较计算问题,基于模拟退火算法提出了一种综合考虑数据文件本地化、计算负载均衡和节约存储容量的数据分发策略,该方法与基于 Hadoop 的解决方案相比在性能上有着显著的改进。文献[31]提出了一种通用的解决全比较问题的分布式计算框架。文献[10]将全比较计算的数据分配问题抽象为带约束条件的组合优化问题,并利用启发式算法求最优解,与

Hadoop 相比,该方法提高了整体的计算性能。但是这些方法在全比较问题涉及的数据量比较大时,其算法解空间会变大,问题规模呈指数增长[32],并且启发式算法无法保证解的全局最优性[33]。

4. 基于图覆盖的数据分发策略

在上述研究的基础上,有学者基于图覆盖提出了一种大数据全比较数据分配算法[34]。该方法首先考虑了比较任务和数据之间的特殊依赖关系,将大数据全比较的数据分配问题归纳为图覆盖问题,在此基础上构造图覆盖的最优解,根据特解进行数据分发。实验结果表明,与基于 Hadoop 的数据分发策略相比,该算法可确保比较任务具有 100% 的数据本地化,使节点之间达到负载均衡,并且提高存储节约率和整体计算性能。但是这种方法基于数据文件的大小相同或近似相同、比较任务的执行时间相同或近似相同两种假设,不具有一般通用性。

综上所述,现有的分布式系统下全比较问题的数据分发策略存在以下缺点和不足。

(1) 将所有数据文件复制到分布式系统中各个节点的数据分发策略:数据传输消耗时间较长,浪费了大量的存储资源。

(2) 利用 Hadoop 分布式数据计算框架的数据分发策略:由于计算模式的不同造成执行效率低,Hadoop 计算框架不能保证各个节点的比较任务的负载均衡。

(3) 基于约束条件组合优化的数据分发策略:不适合参与全比较数据集中存在较大数据的情况。

(4) 基于图覆盖的数据分发策略只适用数据文件的大小相同或近似相同、比较任务的执行时间相同或近似相同的情况,不具有一般通用性。

本书针对以上问题,在对现有的分布式系统下全比较问题的数据分发策略进行详细调研和深入分析的基础上,研究了全比较问题,并采用图论知识对其进行了形式化描述;利用数学建模技术、启发式算法、粒子群优化算法分别构建了一个满足数据本地化、节点负载均衡、节点存储占用最小且均衡、不超过节点存储上限等条件的多目标最优化数据文件分发模型;根据数学模型设计分布式系统数据文件分发策略,提出一种分布式文件分发算法,并通过设置多组仿真实验验证模型和算法的正确性和有效性。针对一个大的基因序列文件,结合所构建的多目标最优化数据文件分发模型,本书建立了面向全比较问题的文件切分评价模型,并给出确定最优文件切分份数算法对文件进行切分。基于所提出的文件分发策略,本书构建基于 Hadoop 计算框架的分布式文件分发系统。

1.4　基因组序列比对大数据分发模型研究现状

随着新一代高通量测序技术的迅速发展,测序速度有了极大的提高。美国 Life-Technologies 公司最新发布的 5500xl SOLiD 型测序仪能够达到每桶 20～30Gbp(DNA 碱基)的测序速度。新型测序仪的使用,使得一些研究机构和公司内部产生了大量需要处理的序列数据。到目前为止,已有许多处理基因序列数据的算法,从最早的点阵法发展到动态规划算法,再到启发式算法。这些算法在处理序列数据中性能不断地提高,但是对目前海量的生物学基因数据而言,这些单机版的串行算法很难满足用户的实际需求。随着网络信息技术的快速发展,计算机硬件也变得越来越物美价廉,同时云计算、异构计算、GPU 计算、大数据处理技术等新技术的不断涌现给算法的并行优化加速提供了契机。因此将序列比对算法与这些新技术结合是发展必然趋势。

比较基因组学是利用某些基因组图谱和测序获得的信息推测其他生物基因组的基因数目、位置、功能、表达机制和物种进化的学科。比较基因组学的发展与序列数据的积累密切相关,目前该学科已经成为研究生物基因组最主要的领域。基因序列比对按比对的物种分为种间比较和种内比较。种间的比较基因组学能够让人们了解物种间在基因组结构上的差异,发现基因的功能、物种的进化关系,以及进行功能基因的克隆。种内的比较基因组学研究主要涉及个体或群体基因组内诸如 SNP、CNP 等变异和多态现象。

序列定位和比对是重测序数据分析中最为关键的一步,它为后续的 SNP 检测及突变的识别等分析提供了最基础的数据,因此对于这一步的软件开发一直是科学家最关心的,同时有关的软件也是最多的。根据比对序列的数量多少,其可分为双序列比对和多序列比对;从比对的范围考虑,其又可分为局部比对和全局比对。基因组双序列比对的主要算法有 MUMer1、MUMer2、MUMer3、BLASTZ、AVID 和 LAGAN 等[35-41]。多基因组序列比对算法主要有 MGA、MLAGAN、EMAGEN 和 Mauve 等[42-46]。国内对多序列比对算法的改进主要有后缀树的并行算法、基于公共路径的 DNA 多序列比对算法、基于信息自动获取构建生物信息平台及序列比对算法、基于遗传算法的序列比对算法、基于最大权值路径算法的局部 DNA 多序列比对方法、超级多重基因组序列比对算法、基于遗传算法和模拟退火算法的 HMM(隐马尔可夫模型)参数估计算法、基于图论方法的 DNA 多序列比对算法、基于 deBruijn 图的 DNA 多序列比对并行算法、基于锚点的多基因组序列比对算法,以及基于遗传退火的生物信息学多序列比对算法等[47-49]。

随着第二代高通量测序技术的发展,测序数据的形式发生了变化,序列长度变短、数量增加使得传统的序列比对算法已经难以满足需求。传统的序列比对算法比如 Needleman-Wunsch 算法、Smith-Waterman 算法等动态规划算法[50]已经难以对第二代测序数据进行分析,因此一系列新的短序列定位算法被提出,其中主要采用基于哈希表的空位种子索引法(spaced-seed indexing)和基于 Burrows-Wheeler 转换(Burrows-Wheeler Transform,BWT)[51]后缀树方法。

序列比对是一种耗时的计算任务,序列比对算法的并行化设计是提高比对速度的关键环节。序列比对算法传统的并行方式仍然很难满足目前处理海量基因序列数据的需求,并且将序列比对算法与异构计算和 GPU 计算等技术结合时其实现细节比较复杂。Hadoop 和 Spark 大数据平台具有简单的并行编程模型和强大的可扩展性的优点。同时 Hadoop 和 Spark 大数据平台还具有高效的任务分发机制和可靠的数据存储等特点。因此,基于 Hadoop 和 Spark 大数据平台将序列比对算法进行分布式并行处理是改进序列比对算法的最佳策略。

Hadoop 的框架最核心的设计就是 HDFS 和 MapReduce。HDFS 为大规模海量数据提供了强大的存储能力,MapReduce 则是海量数据并行处理的计算模型。Hadoop 的数据计算为离线处理,任务作业响应性能低。Spark 是基于内存的分布式计算引擎,以处理的高效和稳定著称。相对于 Hadoop 来说,Spark 的数据计算处理速度快得多。Hadoop 提供了 Spark 所没有的功能特性,比如分布式文件系统,而 Spark 为需要它的那些数据集提供了实时内存处理[52-53]。Hadoop 和 Spark 各有优势,理想的、完美的大数据应用场景为将这两个平台框架整合在一起,构建大数据处理平台。国内外 Hadoop 有关研究较多,Spark 相对较少。文献[54-55]对大数据技术进行了综述,指出了各种技术在大数据处理过程中的关键作用及大数据处理系统的发展趋势等。文献[56-62]研究了基于 Hadoop 计算框架的并行算法设计与改造、任务调度算法改进、计算性能优化等 Hadoop 大数据应用。研究结果表明,Hadoop 中的 HDFS 为大数据存储提供了良好的解决方案,Hadoop 的 MapReduce 在大数据计算处理过程中并没有速度优势,响应性能较差,编程模式不灵活,难以支持高效的迭代计算,使用 Hadoop 计算框架进行大数据处理计算必须对相关的处理算法进行改进才有可能取得良好的效果。文献[57-69]研究了基于分布式内存计算框架 Spark 的算法改进、算法并行化等 Spark 大数据应用;研究表明,基于 Spark 的大数据处理平台的执行速度和效率要比基于 Hadoop 的效率高。文献[10,30,70-71]将基因序列比对抽象为多对多比较计算模式问题,并对多对多约束进行优化,提出了解决多对多比较计算模式问题的数据调度方法,利用启发式方法设计实现了数据预处理和动态任务调度等问题。文献[72]研究了低成本 Hadoop 集群的构建。文献[73]阐述了基于 Hadoop 和 Spark 的大数据处理平台框架的构建,实验表明,该平台的数据存储和计算处理效率高。文献[74]研究了采用 Hadoop 的分布式文件系统(HDFS)进行数据存储,并在复杂云计算环境下对基于 Spark 的算法进行深入研究,提出了一个面向带状的并行编程模型。文献[75]针对数据密集型计算提出了异构的存储义件系统来缓解存储系统的瓶颈,讨论了 Hadoop 容错性能架构 MapReduce 和 Spark 的应用。文献[76]设计实现了基于 Hadoop 和 Spark 的一种新型的图像检索系统,提出了管理大数据和提取大数据信息是一个具有挑战性的任务;对系统分析设计方案进行的评估和分析表明系统具有稳定、高效等特点。

基因序列比对尤其多序列比对是一种耗时的计算任务,比对算法的并行化设计是提高比对速度的关键。为了充分利用分布式系统的计算资源、提高多序列比对任务计算效率,本书选取了敏感度较高的典型基因序列比对算法 Smith-Waterman 算法和 BLAST 算法进行了深入研究;为了提高算法的运行速度,以 Hadoop 框架的 HDFS 存储数据、基于 Spark 的大数据处理平台设计并实现了 Smith-Waterman 算法和 BLAST 算法的分布式并行化方案;通过设置算法准确性实验、集群多节点对比实验、集群不同节点对比实验、可扩展性实验等多组实验,验证了并行化算法具有准确率高、执行速度快、效率高和扩展性好等优点。

1.5 大数据计算技术

1.5.1 Hadoop

受 Map Reduce、GFS 和 BigTable 的启发,Hadoop 作为 Apache Software Foundation 公司的顶级项目在 2008 年被提出[77-79]。Hadoop 运行于一般商

用机器构成的大型集群上，具有易用性；为了应对硬件故障，设置数据备份机制，具有高可靠性；可随意增加节点，并合理地分配各个节点的任务，具有可扩展性；支持高效编写并行代码，操作简单。Hadoop 完成了高可靠、高吞吐和易扩展的分布式存储和并行计算。经过不断地发展，以 HDFS（Hadoop 分布式文件系统）、MapReduce（分布式计算框架）、Hive（数据仓库）、Hbase（分布式列存数据库）、ZooKeeper（分布式协作服务）、Sqoop（数据同步工具）、Pig（基于 Hadoop 的数据流系统）、Mahout（数据挖掘算法库）、Flume（日志收集工具）、YARN（资源管理器）等软件为核心的 Hadoop 生态系统逐渐形成。BLAST 算法步骤如图 1.2 所示。

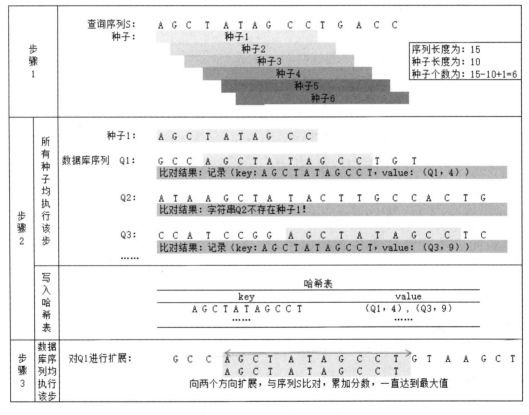

图 1.2　BLAST 算法步骤

Hadoop 中的 YARN 组件负责资源管理和任务调度,能够有效提高资源利用率和数据共享的效率。HDFS 和 MapReduce 是 Hadoop 的核心组件。HDFS 可以实现大量数据的分布式存储。MapReduce 计算框架在计算过程中,将中间结果输出到硬盘中,将大量的时间耗费在磁盘读写上,不适合实时性要求高和多次迭代的场景。Spark 基于内存,弥补了 MapReduce 的不足。本书将数据存放在 HDFS,Spark 负责计算任务、YARN 负责资源管理和任务调度。

1. HDFS

HDFS 使用户可以在不了解分布式底层架构的基础上,充分利用集群的高效存储和计算,实现大规模数据的批量处理,较好地满足了大数据时代的处理要求。HDFS 运行在廉价的机器上,将数据划分为默认大小的块并存储多份,提供容错机制,将块的映射关系存储在内存中,具有高可扩展性、高可靠性、高获得性、高容错性、低成本等特点。

HDFS 原理如图 1.3 所示,主要包括 Client、NameNode、Secondary NameNode、DataNode[80]。Client 为客户端,主要将上传的文件切分成固定大小的数据块,与 NameNode 交互获取 HDFS 存储文件的信息、与 DataNode 交互完成文件的读写操作及对 HDFS 的访问和管理。NameNode 是主节点,作为指挥部负责 HDFS 分布式存储系统的命名空间和数据块映射信息,处理文件的访问请求。Secondary NameNode 主要分担 NameNode 的工作量、定期合并元数据的镜像文件和操作日志并传送给 NameNode。若 NameNode 出现紧急情况,Secondary NameNode 可辅助其恢复。Datanode 是从节点,负责存储和读取数据块。

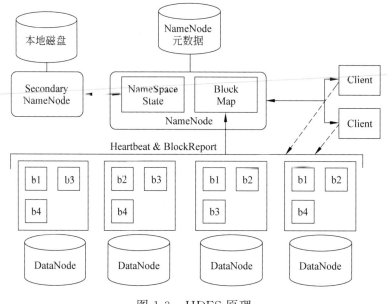

图 1.3　HDFS 原理

2. YARN

YARN 原理如图 1.4 所示。YARN 是一个新的通用的资源管理器,它的引入为集群在资源管理和数据共享带来了较大的好处。YARN 有 4 个重要概念:ResourceManager、NodeManager、ApplicationMaster(缩写为 App Mstr)、Container[81-82]。

ResourceManager 是 YARN 集群的主节点,有且仅有一个,负责整个集群资源(CPU、内存等)的管理。ResourceManager 包括两个组件:Scheduler 和 ApplicationManager。Scheduler 协调各个应用的资源分配,是一个纯调度器,只负责调度 Container。ApplicationManager 负责分配 ApplicationMaster 的第一个 Container 来运行任务,如遇到故障,重启 Container。

Container 是 YARN 对集群 CPU 和内存等资源的抽象,它是作业运行的基本单元。一个节点运行多个 Container,一个 Container 只属于一个节点。任何

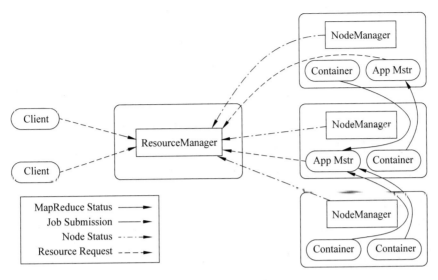

图 1.4 YARN 原理

任务及应用都运行在一个或多个 Container 中。ResourceManager 作为全局的资源调度器告知 ApplicationMaster 可用的 Container，ApplicationMaster 再通过 NodeManager 分配具体的 Container。

NodeManager 是 YARN 集群的从节点，集群的每个节点都有自己的一个 NodeManager。NodeManager 负责接收 ResourceManager 的资源分配请求，分配本节点的 Container 给应用并监控 Container 的运行，将 Container 使用信息报告给 ResourceManager。ApplicationMaster 负责向 ResourceManager 申请资源与 NodeManager 共同运行应用并监控处理故障。

1.5.2 Spark

2009 年 Zaharia 等在美国加州大学伯克利分校的 AMPLab 实验室开发了基于内存的大数据并行计算框架 Spark。它作为 Apache 软件基金会的顶级项目，包括 Spark SQL（结构化数据）、Spark Streaming（实时计算）、Mlib（机器学习）、GraphX（图计算）、Spark Core、独立调度器等组件。Spark 满足了大数据时代对实时性的需求,是一个快速而通用的集群并行化计算平台,兼容了 MapReduce 计算模型,同时弥补了 MapReduce 在各方面的不足。Spark 与 MapReduce 相比,具有各种优势。越来越多的人认为 Spark 将会取代 Hadoop。但准确地说,Spark 是一个计算框架,不具有数据管理功能,因此 Spark 无法完全取代 Hadoop,进行大数据的分布式并行计算,还需要依靠 Hadoop 的重要组件 HDFS 来实现大数据的分布式存储。Spark 可以在各种集群管理器上运行,包括自带的独立集群管理器、YARN 和 Apache Mesos。独立集群管理器是 Spark 最简单的运行模式。现在大多数发行版已经将 YARN 和 HDFS 安装在一起。本书基于 Hadoop HDFS 实现数据的存储,使用 Spark 实现快速计算,使用 YARN 提高资源利用率。

1. 弹性分布式数据集

弹性分布式数据集 RDD(resilient distributed dataset)表示可以在多个节点并行运行的算子集合,是 Spark 最主要的核心技术[83]。应用 Spark 处理数据,需要创建 RDD、转化 RDD、调用 RDD 等操作。RDD 支持 Scala、Java、Python 等语言,但 Spark 框架基于 Scala 语言开发,因此为了保持代码简洁,建议使用 Scala 语言。RDD 的创建有两种方式:读取外部数据集或程序里对象集合(比如 list)。初始化后的 RDD 支持转化操作(transformation)和行动操作(action)两种类型的操作,见表 1.2 和表 1.3。

表 1.2 转化操作

函 数 名	目　　的	示　　例	结　　果
map()	将函数应用于 RDD 中每个元素,返回新的 RDD	RDD1.map(x => (x, 1))	{(1,1),(2,1),(2,1),(3,1)}
flatMap()	类似于 map,RDD 的每个元素映射为多个元素	RDD1.flatMap(x => x.to(3))	{1,2,3,2,3,2,3,3,3}
filter()	返回 RDD 中满足函数条件的元素	RDD1.filter(x => x == 1)	{1}

续表

函　数　名	目　　　的	示　　　例	结　　　果
distinct( )	去除 RDD 中重复的元素	RDD1.distinct( )	{1,2,3}
reduceByKey( )	按照 key 值进行合并	RDD2.reduceByKey(_+_)	{(1,2),(3,10)}
groupByKey( )	按照 key 值进行分组	RDD2.groupByKey( )	{(1,[2]),(3,[4,6])}
keys( )	返回 RDD 中的 key 值	RDD2.key²	{1,3,3}
sortByKey( )	将 RDD 按 key 值排序	RDD2.sortByKey( )	{(1,2),(3,4),(3,6)}

注：RDD1 为{1,2,2,3}，RDD2 为{(1,2),(3,4),(3,6)}。

表 1.3　行动操作

函　数　名	目　　　的	示　　　例	结　　　果
collect( )	返回 RDD 中的所有元素	RDD3.collect( )	{1,2,3}
count( )	返回 RDD 中的元素个数	RDD3.count( )	3
take( )	返回 RDD 中的 n 个元素	RDD3.take(2)	{1,2}
top( )	返回 RDD 中顶部 n 个元素	RDD3.top(1)	{3}
countByValue( )	统计 RDD 中元素出现次数	RDD3.countByValue( )	{(1,1),(2,1),(3,1)}
reduce( )	整合 RDD 中的所有元素	RDD3.reduce(_+_)	6
foreach( )	RDD 中每个元素使用给定函数	RDD3.foreach(println)	1　2　3
countByKey( )	按照 key 值对 RDD 中每个元素进行统计	RDD4.countByKey( )	{(1,1),(3,2)}
lookup( )	返回指定 key 值的 value 值	RDD4.lookup(3)	{[4,6]}

注：RDD3 为{1,2,3}，RDD4 为{(1,2),(3,4),(3,6)}。

转化操作是一个 RDD 映射成一个新的 RDD，例如 map、filter、groupByKey、reduceByKey 等函数。行动操作会对 RDD 计算出一个结果，并将结果返回到程序,或把结果存储在 HDFS 中,例如 take、foreach、collect。行动操作与转化操作区别在于计算 RDD 的方式不同,行动操作是惰性求值。惰性求值意味着 RDD 所有的转化操作不会立即执行,只有第一次在行动操作用到时才会计算。在默认情况下,每次对 RDD 进行行动操作时会重新计算。如果多次行动操作重复用到同一个 RDD,可以使用 persist 函数将此RDD 缓存到内存中。

2. Spark 架构

Spark 架构图如图 1.5 所示,其主要由以下组件构成。

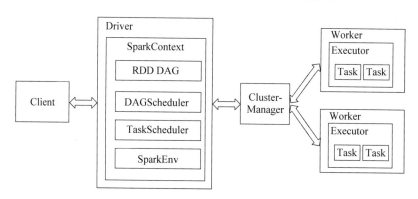

图 1.5 Spark 架构

Client:例如 Spark Shell 窗口,从宏观上看,是一台提交程序的机器,负责将程序 jar 包提交给集群。在 YARN-Client 模式下,客户端提交打包好的程序 jar 包,启动一个 Driver 程序,此模式下 Client 作用持续到 Spark 作业结束。在 YARN-Cluster 模式下,Client 只负责提交程序 jar 包,Spark 作业结束后不再发挥作用。

Driver:运行 Application 的 main() 函数,创建 Spark 作业的运行环境。

SparkContext:SparkContext 与 ClusterManager 通信,申请资源,分配和监视任务。Executor 部分运行完成时,Driver 负责关闭 SparkContext。一般情况下 Driver 由 SparkContext 代表。

RDD：Spark 作业的基本计算单元,有向无环图 RDD Graph 由一组 RDD 形成。

DAG(Directed Acyclic Graph 有向无环图)：反映了 RDD 之间的依赖关系。

DAGScheduler：将 Spark 作业转换为基于 Stage 的 DAG,根据 RDD 与 Stage 的关系找到最优的调度方案,将 Stage 以 TaskSet 的形式提交给 TaskScheduler。DAGScheduler 确定了 Task 理想的运行位置,并提交给下一层 TaskScheduler。

TaskScheduler：将 Task 分发给 Executor(执行器)执行并维护 Task 的运行状态。

SparkEnv：线程级上下文,用于存储正在运行的重要组件的引用。

ClusterManager：Spark 集群获取资源的外部服务,目前有 3 种类型,分别为 Master 主节点、Apache Mesos、ResourceManager。在 Standalone 模式中,其为 Master 主节点,控制 Spark 集群,监控 Worker;在 Hadoop YARN 模式中,其为 ResourceManager。

Worker：执行任务的从节点,控制计算节点,启动 Executor 或者 Driver。在 Standalone 模式中,其为 Slave 文件配置的 Worker 节点;在 YARN 模式中,其为 NodeManager 节点。

Executor：执行器,Application 运行在 Worker 节点的一个进程,负责运行 Task 并负责在内存或磁盘上存储数据。每个 Application 都有一组单独的 Executor。

Task：任务,Executor 上运行的工作单元。

1.6　本章小结

本章主要介绍全比较问题的研究背景与意义、全比较问题的形式化描述、全比较问题中文件分发策略研究现状、基因组序列比对大数据分发模型研究现状及大数据技术。

参考文献

［1］ ZHANG Y F，TIAN Y C，KELLY W，et al. Application of simulated annealing to data distribution for all-to-all comparison problems in homogeneous systems// ARIK S，HUANG T，LAI W，et al. Neural information processing，ICONIP 2015. Cham：Springer，2015：683-691.

［2］ HAO B，QI J，WANG B . Prokaryotic phylogeny based on complete genomes without sequence alignment[J]. Modern Physics Letters B，2008，17(3)：91-94.

［3］ PHILLIPS P J，FLYNN P J，SCRUGGS T，et al. Overview of the face recognition grand challenge［C］//2005 IEEE computer society conference on computer vision and pattern recognition（CVPR'05），IEEE，2005，1：947-954.

［4］ SKABAR A，ABDALGADER K. Clustering sentence-level text using a novel fuzzy relational clustering algorithm［J］. IEEE Transactions on Knowledge and Data Engineering，2013，25(1)：62-75.

［5］ 丁三军，薛宇，王朝霞，等.基于模糊数据挖掘的虚拟环境主机故障预测[J].计算机工程，2015，41(11)：202-206.

［6］ WONG A K C，LEE E S A. Aligning and clustering patterns to reveal the protein functionality of sequences[J]. IEEE/ACM Transactions on Computational Biology and Bioinformatics，2014，11(3)：548-560.

［7］ FAISAL F E，ZHAO H，MILENKOVIĆ T. Global network alignment in the context of aging［J］. IEEE/ACM Transactions on Computational Biology and Bioinformatics，2014，12(1)：40-52.

［8］ KRISHNAJITH A P D，KELLY W，HAYWARD R，et al. Managing memory and reducing I/O cost for correlation matrix calculation in bioinformatics［C］// 2013 IEEE Symposium on Computational Intelligence in Bioinformatics and Computational Biology (CIBCB). IEEE，2013：36-43.

[9]　TIAN Y C, KRISHNAJITH A, KELLY W. Optimizing I/O cost and managing memory for composition vector method based on correlation matrix calculation in bioinformatics[J]. Current Bioinformatics, 2014, 9(3): 234-245.

[10]　ZHANG Y F, TIAN Y C, KELLY W, et al. A distributed computing framework for all to-all comparison problems[C]//IECON 2014-40th Annual Conference of the IEEE Industrial Electronics Society. IEEE, 2014: 2499-2505.

[11]　DEAN J, GHEMAWAT S. MapReduce: A flexible data processing tool[J]. Communications of the ACM, 2010, 53(1): 72-77.

[12]　Data centers only operating at 4% utilization [EB/OL]. (2014-10-12)[2021-01-15]. http://www. environmentalleader. com/2014/10/12/data-centers-only-operatingat-4-utilization/.

[13]　HOSSEN A K M M, MONIRUZZAMAN A B M, HOSSAIN S A. Performance evaluation of hadoop and oracle platform for distributed parallel processing in big data environments [J]. International Journal of Database Theory and Application, 2015, 8(5): 15-26.

[14]　XIE J, YIN S, RUAN X, et al. Improving mapreduce performance through data placement in heterogeneous hadoop clusters [C]//2010 IEEE international symposium on parallel & distributed processing, workshops and Phd forum (IPDPSW). IEEE, 2010: 1-9.

[15]　MANTHA P K, LUCKOW A, JHA S. Pilot-MapReduce: An extensible and flexible MapReduce implementation for distributed data[C]//Proceedings of third international workshop on mapreduce and its applications date, 2012: 17-24.

[16]　ZHU H, HE Z, JIA Y. A novel approach to multiple sequence alignment using multiobjective evolutionary algorithm based on decomposition[J]. IEEE Journal of Biomedical and Health Informatics, 2015, 20(2): 717-727.

[17]　ZHANG Y, CHAN J W T, CHIN F Y L, et al. Constrained pairwise and center-star sequences alignment problems [J]. Journal of Combinatorial Optimization, 2016, 32(1): 79-94.

[18] MORETTI C，BUI H，HOLLINGSWORTH K，et al. All-pairs：An abstraction for data-intensive computing on campus grids[J]. IEEE Transactions on Parallel and Distributed Systems，2009，21(1)：33-46.

[19] DE ARAUJO MACEDO E，DE MELO A C M A，PFITSCHER G H，et al. Hybrid MPI/OpenMP strategy for biological multiple sequence alignment with DIALIGN-TX in heterogeneous multicore clusters[C]//2011 IEEE International Symposium on Parallel and Distributed Processing Workshops and Phd Forum. IEEE，2011：418-425.

[20] XIAO S，LIN H，FENG W. Accelerating protein sequence search in a heterogeneous computing system[C]//2011 IEEE International Parallel and Distributed Processing Symposium. IEEE，2011：1212-1222.

[21] LI K，TANG X，VEERAVALLI B，et al. Scheduling precedence constrained stochastic tasks on heterogeneous cluster systems[J]. IEEE Transactions on Computers，2013，64(1)：191-204.

[22] LIU L，ZHOU Y，LIU M，et al. Preemptive Hadoop jobs scheduling under a deadline[C]//2012 Eighth International Conference on Semantics，Knowledge and Grids. IEEE，2012：72-79.

[23] SCHATZ M C.CloudBurst：highly sensitive read mapping with MapReduce[J]. Bioinformatics，2009，25(11)：1363-1369.

[24] CHEN Q，WANG L，SHANG Z. MRGIS：A MapReduce-Enabled high performance workflow system for GIS[C]//2008 IEEE Fourth International Conference on eScience. IEEE，2008：646-651.

[25] TAO X，MINGLEI Y. An interactive job scheduling algorithm based on hadoop [J]. International Journal of Hybrid Information Technology，2016，9(7)：227-236.

[26] WU R Z，BAO Z R，WANG W T，et al. Short-term power load forecasting method based on pattern matching in hadoop framework[J]. Transactions of China Electrotechnical Society，2018，33(7)：1542-1551.

[27] TANG Y，GUO H，YUAN T，et al.OEHadoop：accelerate Hadoop applications

by codesigning Hadoop with data center network[J]. IEEE Access，2018，6：25849-25860.

[28]　QIU X，EKANAYAKE J，BEASON S，et al. Cloud technologies for bioinformatics applications[C]//Proceedings of the 2nd Workshop on Many-Task Computing on Grids and Supercomputers. 2009：1-10.

[29]　ZHANG Y F，TIAN Y C，KELLY W，et al. Distributed computing of all-to-all comparison problems in heterogeneous systems[C]//IECON 2015-41st Annual Conference of the IEEE Industrial Electronics Society. IEEE，2015：002053-002058.

[30]　ZHANG Y F，TIAN Y C，FIDGE C，et al. Data-aware task scheduling for all-to-all comparison problems in heterogeneous distributed systems[J]. Journal of Parallel and Distributed Computing，2016，93：87-101.

[31]　ZHANG Y F，TIAN Y C，KELLY W，et al. Application of simulated annealing to data distribution for all-to-all comparison problems in homogeneous systems[C]//International Conference on Neural Information Processing. Cham：Springer，2015：683-691.

[32]　GILLETT B E，MILLER L R. A heuristic algorithm for the vehicle-dispatch problem[J]. Operations Research，1974，22(2)：340-349.

[33]　LIN S，KERNIGHAN B W. An effective heuristic algorithm for the tsp[J]. Operations Research，1973，21(2)：498-516.

[34]　高燕军,张雪英,李凤莲,等. 基于图覆盖的大数据全比较数据分配算法[J]. 计算机工程,2018,44(4)：17-22,27.

[35]　朱香元,李仁发,李肯立,等.基于异构系统的生物序列比对并行处理研究进展[J].计算机科学,2015,42(11A)：390-399.

[36]　王涛.计算生物学中的高性能计算（Ⅱ）：序列分析[J].计算机工程与科学,2015,37(1)：7-13.

[37]　曹莉,许玉龙,邓崇彬.DNA 双序列比对问题的算法[J].计算机系统应用,2015,24(9)：112-117.

[38]　高静,焦雅,张文广.高通量测序序列比对研究综述[J].生命科学研究,2014,18

(5)：458-464.

[39] 蒲天银,饶正婵,田华.基于多序列比对的网络攻击特征数据提取算法分析[J].西南师范大学学报(自然科学版),2015,40(7)：114-118.

[40] 陈凤珍,李玲,操利超,等.四种常用的生物序列比对软件比较[J].生物信息学,2016,14(1)：56-60.

[41] 赵雅男,徐云,程昊宇.序列比对算法中的 BW 变换索引技术研究及其改进[J].计算机工程,2016,42(1)：282-286.

[42] ZHU H，HE Z，JIA Y. A novel approach to multiple sequence alignment using multiobjective evolutionary algorithm based on decomposition[J]. IEEE Journal of Biomedical and Health Informatics，2015，20(2)：717-727.

[43] ZHANG Y，CHAN J W T，CHIN F Y L，et al. Constrained pairwise and center-star sequences alignment problems [J]. Journal of Combinatorial Optimization，2016，32(1)：79-94.

[44] GREENE E C. DNA sequence alignment during homologous recombination[J]. Journal of Biological Chemistry，2017，291(22)：11572-11580.

[45] YADAV R K，BANKA H. Genetic algorithm using guide tree in mutation operator for solving multiple sequence alignment[M]//Advanced Computing and Systems for Security. New Delhi：Springer，2016：145-157.

[46] GONG Q，NING W，TIAN W.GoFDR：a sequence alignment based method for predicting protein functions[J]. Methods，2016，93：3-14.

[47] RUBIO-LARGO Á，VEGA-RODRÍGUEZ M A，GONZÁLEZ-ÁLVAREZ D L. Hybrid multiobjective artificial bee colony for multiple sequence alignment[J]. Applied Soft Computing，2016，41：157-168.

[48] LANGE J，WYRWICZ L S，VRIEND G. KMAD：knowledge-based multiple sequence alignment for intrinsically disordered proteins [J]. Bioinformatics，2016，32(6)：932-936.

[49] TRUSZKOWSKI J，GOLDMAN N. Maximum likelihood phylogenetic inference is consistent on multiple sequence alignments，with or without gaps[J]. Systematic Biology，2016，65(2)：328-333.

[50] PIZZI C. MissMax：Alignment-free sequence comparison with mismatches through filtering and heuristics[J]. Algorithms for Molecular Biology，2016，11 (1)：1-10.

[51] KHAN M I，KAMAL M S，CHOWDHURY L.MSuPDA：A memory efficient algorithm for sequence alignment[J]. Interdisciplinary Sciences：Computational Life Sciences，2016，8(1)：84-94.

[52] 黄宜华,苗凯翔.深入理解大数据：大数据处理和编程实践[M].北京：机械工业出版社,2014.

[53] 王家林.大数据 Spark 企业级实践[M].北京：电子工业出版社,2015.

[54] 程学旗,靳小龙,王元卓,等.大数据系统和分析技术综述[J].软件学报,2014,25 (9)：1889-1908.

[55] 张鹏,李鹏霄,任彦,等.面向大数据的分布式流处理技术综述[J].计算机研究与发展,2014,51(1)：1-9.

[56] 李海生,赖龙,蔡强,等.Hadoop 环境下三维模型的存储及形状分布特征提取[J].计算机研究与发展,2014,51(1)：18-29.

[57] 高燕飞,陈俊杰,强彦.Hadoop 平台下的动态调度算法[J].计算机科学,2015,42 (9)：45-69.

[58] 胡丹,于炯,英昌甜, 等.Hadoop 平台下改进的 LATE 调度算法[J].计算机工程与应用,2014,50(4)：86-89,131.

[59] 刘琨,肖琳,赵海燕.Hadoop 中云数据负载均衡算法的研究及优化[J].微电子学与计算机,2012,29(9)：18-22.

[60] 吉鹏飞,齐建东,朱文飞.改进人工鱼群算法在 Hadoop 作业调度算法的应用[J].计算机应用研究,2014,31(12)：3572-3574,3579.

[61] 周航,申秋慧,王迤冉.基于 Hadoop 平台的任务调度方案分析[J].周口师范学院学报,2013,30(2)：89-91.

[62] 刘娟,豆育升,何晨,等.基于调度器的 Hadoop 性能优化方法研究[J].计算机工程与设计,2013,34(1)：190-194.

[63] 严玉良,董一鸿,何贤芒,等.FSMBUS：一种基于 Spark 的大规模频繁子图挖掘算法[J].计算机研究与发展,2015,2(8)：1768-1783.

[64] 萨初日拉,周国亮,时磊,等.Spark 环境下并行立方体计算方法[J].计算机应用,2016,36(2):348-352.

[65] 丁东亮,吴东月,于福利.Spark 在人类基因领域的应用[J].计算机科学,2016,43(6A):502-505.

[66] 刘志强,顾荣,袁春风,等.基于 Spark 的分类算法并行化研究[J].计算机科学与探索,2015,9(11):1281-1294.

[67] 刘泽燊,潘志松.基于 Spark 的并行 SVM 算法研究[J].计算机科学,2016,43(5):238-242.

[68] 郑凤飞,黄文培,贾明正.基于 Spark 的矩阵分解推荐算法[J].计算机应用,2015,35(10):2781-2783,2788.

[69] 曹波,韩燕波,王桂玲.基于车牌识别大数据的伴随车辆组发现方法[J].计算机应用,2015,35(11):3203-3207.

[70] ZHANG Y F, TIAN Y C, KELLY W, et al. Distributed computing of all-to-all comparison problems in heterogeneous systems[C]//IECON 2015-41st Annual Conference of the IEEE Industrial Electronics Society. IEEE, 2015: 2053-2058.

[71] ZHANG Y F, TIAN Y C, KELLY W, et al. Application of simulated annealing to data distribution for all-to-all comparison problems in homogeneous systems[C]//International Conference on Neural Information Processing. Cham: Springer, 2015: 683-691.

[72] KAEWKASI C, SRISURUK W. A study of big data processing constraints on a low-power Hadoop cluster [C]//2014 International Computer Science and Engineering Conference (ICSEC). IEEE, 2014: 267-272.

[73] KUPISZ B, UNOLD O. Collaborative filtering recommendation algorithm based on Hadoop and Spark[C]//2015 IEEE International Conference on Industrial Technology (ICIT). IEEE, 2015: 1510-1514.

[74] HUANG W, MENG L, ZHANG D, et al. In-memory parallel processing of massive remotely sensed data using an apache spark on Hadoop yarn model[J]. IEEE Journal of Selected Topics in Applied Earth Observations and Remote Sensing, 2016, 10(1): 3-19.

[75] ISLAM N S，WASI-UR-RAHMAN M，LU X，et al. Performance characterization and acceleration of in-memory file systems for Hadoop and Spark applications on HPC clusters[C]//2015 IEEE International Conference on Big Data (Big Data). IEEE，2015：243-252.

[76] COSTANTINI L，NICOLUSSI R. Performances evaluation of a novel Hadoop and Spark based system of image retrieval for huge collections[J]. Advances in Multimedia，2015：1-7.

[77] DEAN J，GHEMAWAT S. MapReduce：simplified data processing on large clusters[J]. Communications of the ACM，2008，51(1)：107-113.

[78] GHEMAWAT S，GOBIOFF H，LEUNG S T. The Google file system[C]// Proceedings of the nineteenth ACM symposium on operating systems principles. 2003：29-43.

[79] CHANG F，DEAN J，GHEMAWAT S，et al. Bigtable：A distributed storage system for structured data[J]. ACM Transactions on Computer Systems (TOCS)，2008，26(2)：1-26.

[80] SHVACHKO K，KUANG H，RADIA S，et al. The Hadoop distributed file system[C]//2010 IEEE 26th symposium on mass storage systems and technologies (MSST). IEEE，2010：1-10.

[81] WHITE T. Hadoop 权威指南 [M]. 3 版.北京：清华大学出版社，2015：213-218.

[82] 周品. Hadoop 云计算实战[M].北京：清华大学出版社，2012：45-48.

[83] 高彦杰. Spark 大数据处理：技术、应用与性能优化[M].北京：机械工业出版社，2015：36-59.

第 2 章　基于整数规划的基因组序列比对大数据分发模型

2.1　文件分发模型的构建

通过 1.2 节问题的描述可以看出,全比较问题是一个典型的约束优化问题。全比较问题文件分发研究目标为:在进行文件分发时,满足不超过节点存储上限和数据本地化的条件下,使得每个计算节点上的比较任务计算量尽可能均衡,提高完成比较任务的整体速度和系统整体性能。

约束优化问题是多约束条件下目标函数最大化或最小化问题,线性规划是一种解决约束优化的最有效方法,它要求目标函数及所有的约束条件都是线性的[1-2]。由于线性规划(Linear Programming,LP)具有很强的建模能力,因此线性规划也是一种很好的解决控制及规划问题的方法。线性规划的主要思想是求满足所有约束条件的使目标函数极小的控制序列[3]。文件分发模型将节点存储约束及问题本身的约束加入以等式或者不等式形式表达的约束条件中,将计算节点负载均衡作为目标函数建立模型。

假定现有 m 个基因序列数据文件分发到分布式集群环境下的 n 个节点上实现数据文件的两两比较,并且在满足分发文件大小不超过节点存储上限和数据本地化的情况下使得分配给每个节点的比较计算负载尽量均衡。

如图 1.1 可知,m 个数据文件进行两两比对的任务总数为

$$C_m^2 = \frac{m(m-1)}{2} \tag{2-1}$$

假设 m 个数据文件每个文件的大小为 $s_i(i=1,2,\cdots,m)$,每项比较任务

的对应的数据文件大小(两个比较文件的大小之和)为

$$w_{ij} = s_i + s_j \quad (i,j = 1,2,\cdots,m\,; i < j) \tag{2-2}$$

同时假定一个比较任务对应文件 i 和文件 j,则该项比较任务的计算量为

$$c_{ij} \quad (i,j = 1,2,\cdots,m\,; i < j) \tag{2-3}$$

由图 1.1 可知,m 个数据文件进行两两比对的任务总数为

$$C_m^2 = \frac{m(m-1)}{2} \tag{2-4}$$

如果将各个需要进行两两比较的计算任务平均分配给 n 个节点,则每个计算节点分配到的平均计算任务总量为

$$\frac{\displaystyle\sum_{i=1}^{m}\sum_{j=i+1}^{m} c_{ij}}{n} \tag{2-5}$$

假设用 $x_{kt}\left(k=1,2,\cdots,\dfrac{m(m-1)}{2}\,; t=1,2,\cdots,n\right)$ 来表示是否将第 k 项任务分配给第 t 个节点,则可得

$$x_{kt} = 0 \text{ 或 } 1 \quad \left(k=1,2,\cdots,\frac{m(m-1)}{2}\,; t=1,2,\cdots,n\right) \tag{2-6}$$

由于比较任务只能分配给一个节点,则可得

$$\sum_{t=1}^{n} x_{kt} = 1 \quad \left(k=1,2,\cdots,\frac{m(m-1)}{2}\right) \tag{2-7}$$

假定 n 个节点的存储容量上限分别为 $u_j(j=1,2,\cdots,n)$,$W_{kt}=w_{ijt}$ 为分发到节点 t 上的第 k 项任务(任务对应的文件编号为 i、j)的文件大小之和,分布式系统中各个节点分发的文件大小之和不能超过其存储上限可描述为

$$\sum_{k=1}^{\frac{m(m-1)}{2}} W_{kt} x_{kt} \leqslant u_t \quad (t=1,2,\cdots,n) \tag{2-8}$$

假定 $C_{kt}=c_{ijt}$ 为分发到节点 t 上的第 k 项任务(任务对应的文件编号为 i、j)的计算量,分布式系统中各个计算节点上实际分发的文件比较任务总计

算量可以表示为

$$\sum_{k=1}^{\frac{m(m-1)}{2}} C_{kt} x_{kt} \qquad (2\text{-}9)$$

则分布式系统中各个计算节点实际分配的比较任务量与平均任务计算量之差的绝对值的和可以表示为

$$\sum_{t=1}^{n} \left| \left(\sum_{k=1}^{\frac{m(m-1)}{2}} C_{kt} x_{kt} \right) - \frac{\sum_{i=1}^{m} \sum_{j=i+1}^{m} c_{ij}}{n} \right| \qquad (2\text{-}10)$$

以式(2-6)～式(2-8)作为约束条件,以求式(2-10)的最小值为目标函数,建立最优任务指派模型[4],如式(2-11)所示。

$$\min \sum_{t=1}^{n} \left| \left(\sum_{k=1}^{\frac{m(m-1)}{2}} C_{kt} x_{kt} \right) - \frac{\sum_{i=1}^{m} \sum_{j=i+1}^{m} c_{ij}}{n} \right|$$

$$\text{s.t.} \begin{cases} \sum_{t=1}^{n} x_{kt} = 1 & \left(k=1,2,\cdots,\dfrac{m(m-1)}{2}\right) \\ \displaystyle\sum_{k=1}^{\frac{m(m-1)}{2}} W_{kt} x_{kt} \leqslant u_t & (t=1,2,\cdots,n) \\ x_{kt} = 0 \ \text{或} \ 1 & \left(k=1,2,\cdots,\dfrac{m(m-1)}{2}; t=1,2,\cdots,n\right) \end{cases} \qquad (2\text{-}11)$$

在式(2-11)中目标函数中含有非线性项,则式(2-11)所表示的模型为非线性规划模型,为将其转化为线性模型在式(2-11)中引入新的决策变量 d_t^- 和 d_t^+。d_t^- 和 d_t^+ 均为大于或等于 0 的数,d_t^- 表示分配到节点 t 上的实际计算量大于平均任务计算量的值,d_t^+ 表示分配到节点 t 上的实际计算量小于平均任务计算量的值。即当分配到节点 t 上的实际计算量大于平均任务计算量时需要减去多余量 d_t^-,当分配到节点 t 上的实际计算量小于平均任务计算量时加上 d_t^+,那么目标函数就是求得各个计算节点的($d_t^- + d_t^+$)之和的最小值。综上所述,引入决策变量之后可以将式(2-11)转化为线性规划模型,如式(2-12)所示。由于决策变量 d_t^- 和 d_t^+ 的引入,并且 d_t^- 和 d_t^+ 的取值可以不是整数,因此式(2-12)所示模型为混合整数规划模型。

$$\min \sum_{t=1}^{n} (d_t^- + d_t^+)$$

$$\text{s.t.} \begin{cases} \sum_{t=1}^{n} x_{kt} = 1 & \left(k = 1, 2, \cdots, \dfrac{m(m-1)}{2}\right) \\[3mm] \sum_{k=1}^{\frac{m(m-1)}{2}} W_{kt} x_{kt} \leqslant u_t & (t = 1, 2, \cdots, n) \\[3mm] \left(\left(\sum_{k=1}^{\frac{m(m-1)}{2}} C_{kt} x_{kt}\right) - \dfrac{\sum_{i=1}^{m} \sum_{j=i+1}^{m} c_{ij}}{n}\right) - d_t^- + d_t^+ = 0 & (t = 1, 2, \cdots, n) \\[3mm] x_{kt} = 0 \text{ 或 } 1 & \left(k = 1, 2, \cdots, \dfrac{m(m-1)}{2}; t = 1, 2, \cdots, n\right) \\[3mm] d_t^-, d_t^+ \geqslant 0 & (t = 1, 2, \cdots, n) \end{cases}$$

$$(2\text{-}12)$$

2.2　文件分发算法设计

混合整数规划模型(Mix Integer Linear Programming, MILP)的求解多采用 MILP 商用求解器 CPLEX[5] 和 GUROBI[6],这些求解器通常采用分支-割平面法(Branch-and-Cut, B&C)进行求解,并融合了预处理和启发式等多种方法。除了利用商用求解器之外,求解 MILP 模型的常用方法还有分支定界法、割平面法、分支-割平面法和启发式方法等[7-8]。

针对 2.1 节实现文件分发的混合整数规划模型,本书利用 MATLAB 中的 intlinprog 函数进行求解,intlinprog 函数求解 MILP 模型采用了分支定界法[4,10-11]。比较任务与数据文件编号规则见表 2.1。

表 2.1　比较任务与数据文件编号规则

任务编号	文件 1 编号	文件 2 编号
1	1	2
2	1	3
$\vdots$	$\vdots$	$\vdots$
$m-1$	1	m
m	2	3
$m+1$	2	4
$\vdots$	$\vdots$	$\vdots$
$2*m-3$	2	m
$\vdots$	$\vdots$	$\vdots$
$m(m-1)/2$	$m-1$	m

综上所述,文件分发算法步骤设计见表 2.2。

表 2.2　文件分发算法相关伪代码详细描述

输入：m,n,s,u
输出：结果分配矩阵

1. 步骤 1：定义并初始化变量
2. 定义并初始化变量参数 m,n,s,u：m←文件个数,n←节点个数,s←[s_1,s_2,…, s_m],u←[u_1,u_2,…,u_n]；
    if s.length==0 or u.length==0 then
        s←m 行 1 列各元素值全为 1 的单位矩阵；
        u←n 行 1 列各元素值全为∞的矩阵；
    end if
3. 步骤 2：计算任务与文件对应关系矩阵 deci
4. 定义任务序号变量：taskno←1；
5. for i=1 to m do
    for j=i+1 to m do
        deci(taskno,1：4) ←[taskno, i, j, s(i)+s(j)]；

```
            taskno++;
        end for
    end for
```
6. 计算理论上每个节点的平均任务量：av_work←sum(deci(：,4))/n;
7. 步骤 3：为混合整数线性规划一般形式的参数进行值设置
    i) 为目标函数变量系数矩阵 f 设置值；
        定义临时变量 i,j; i←length(deci(：,1)) * n; j←2 * n;
        f ← i＋j 行 1 列矩阵,其中前 i 行元素为 0,后 j 行元素为 1;
    ii) 为相应等式约束的变量系数矩阵 aeq 设置值；

```
        for i=1 to length(deci(：,1)) do
            for j=1 to n do
                aeq(i,(i−1) * n+j) ←1;
            end for
        end for
        for j=1 to n do
            for i=1 to length(deci(：,1)) do
                aeq(length(deci(：,1))+j,(i−1) * n+j) ←deci(i,4);
                aeq(length(deci(：,1))+j,n * length(deci(：,1))+(j−1) * 2+
                1) ← −1;
                aeq(length(deci(：,1))+j,n * length(deci(：,1))+j * 2) ←1;
            end for
        end for
```
    iii) 为相应等式约束变量资源矩阵 beq 设置值；
        定义临时变量 i; i←length(deci(：,1));
        beq ← i+n 行 1 列矩阵,其中前 i 行元素为 1,后 j 行元素为 av_work;
    iv) 为相应不等式约束系数矩阵 a 设置值；
        定义临时变量 i; i←length(aeq(1,：));
        a← n 行 i 列元素全为 0 的矩阵;

```
        for i=1 to n do
            for j=1 to length(deci(：,1)) do
                a(i,i+(j−1) * n) ←deci(j,4);
            end for
        end for
```
    v) 为相应不等式约束资源矩阵 b 设置值：b←u;

vi)为整数变量下标序号向量 intcon 设置值：intcon←1：length(deci(：,1)) * n；

vii)为变量下限 LB 和上限 UB 设置值；

定义临时变量 i,j；i←length(deci(：,1)) * n，j←2 * n；

LB ← i+j 行 1 列元素全为 0 的矩阵；

UB ← i+j 行 1 列矩阵,其中前 i 行元素为 1,后 j 行元素为+∞；

8. 利用实现求解混合整数规划模型问题的分支定界法 intlinprog 函数求最优解：

[X,Y] ← intlinprog(f,intcon,a,b,aeq,beq,LB,UB)；

9. 步骤 4：计算任务分配结果矩阵

定义临时矩阵变量 sum, sum ← n 行 1 列元素全为 0 的矩阵；

for i=1 to length(deci(：,1)) do

for j=i+1 to n do

if X((i−1) * n+j)＞0.99999 then

sum(j)← sum(j)+1；

result(j,sum(j))← i；

end if

end for

end for

2.3 实验设计与结果分析

在 MATLAB 2018a 环境下进行文件分发算法实验,按照分发文件大小是否相同和比较任务数是否可以均分进行实验数据的设置,可设置如下 4 个实验。

2.3.1 文件大小相同,比较任务数可以均分

将 10 个大小相同(均为 1MB)的基因序列文件分发到大数据平台的 5 个节点上进行序列比对。实验运行结果如图 2.1 所示,分发到每个节点的文件比较任务计算量完全相同,可以达到完全负载均衡。

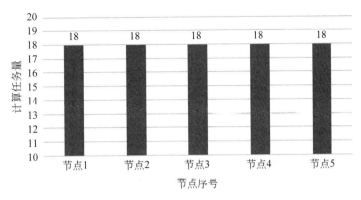

图 2.1　实验一节点负载表

因为文件数 m 为 10，节点数 n 为 5，那么可以得到 $m(m-1)\%(2*n)=0$，即分发到每个节点的任务数也相同。实验一运行结果数据见表 2.3。

表 2.3　实验一运行结果数据

节点序号	任 务 序 号	文 件 序 号	任务数	计算量
节点 1	6,7,22,27,30,34,35,41,43	1,3,4,5,7,8,9,10	9	18
节点 2	3,9,13,16,17,25,28,31,36	1,2,4,5,6,7,8,9,10	9	18
节点 3	2,10,11,19,20,23,26,33,37	1,2,3,4,5,6,8,9	9	18
节点 4	1,4,12,15,18,21,29,39,42	1,2,3,4,5,6,7,8,9,10	9	18
节点 5	5,8,14,24,32,38,40,44,45	1,2,3,5,6,7,8,9,10	9	18

2.3.2　文件大小相同，比较任务数不能均分

将 10 个大小相同（均为 1MB）的基因序列文件分发到大数据平台的 4 个节点上进行序列比对。因为文件数 m 为 10 且文件大小相同，节点数 n 为 4，那么可以得到 $m(m-1)\%(2*n)!=0$ 即从理论上来讲该组实验数据无法达到各个节点负载的完全均衡。实验运行结果如图 2.2 所示，4 个节点中有 3 个节点分发到的计算任务量为 22，另一个节点分发到的计算任务量为 24，

基本达到负载均衡。

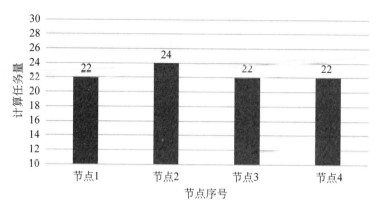

图 2.2　实验二节点负载表

实验二运行结果数据见表 2.4。

表 2.4　实验二运行结果数据

节点序号	任　务　序　号	文　件　序　号	任务数	计算量
节点 1	$3,6,9,14,17,20,23,24,29,$ $39,45$	$1,2,3,4,6,7,9,10$	11	22
节点 2	$7,11,13,16,18,19,21,25,27,$ $35,37,42$	$1,2,3,4,5,6,7,8,9,10$	12	24
节点 3	$4,5,8,22,31,33,34,38,41,$ $43,44$	$1,3,4,5,6,7,8,9,10$	11	22
节点 4	$1,2,10,12,15,26,28,30,32,$ $36,40$	$1,2,3,4,5,6,7,8,10$	11	22

2.3.3　文件大小不同,比较任务数可以均分

将 10 个大小分别为 1.5MB、2.2MB、1.8MB、3MB、1.9MB、0.95MB、2MB、1.6MB、3.2MB、2.6MB 的基因序列文件分发到大数据平台的 5 个节点上进行序列比对。尽管文件数 m 为 10,节点数 n 为 5,可以得到 $m(m-1)\%(2*n)=0$,但由于文件大小不同,该组实验数据有可能无法达到各个节点负载的完全

均衡。实验运行结果如图 2.3 所示,5 个节点中有 4 个节点分发到的计算任务量为 37.35,剩余一个节点分发到的计算任务量为 37.75,基本达到负载均衡。

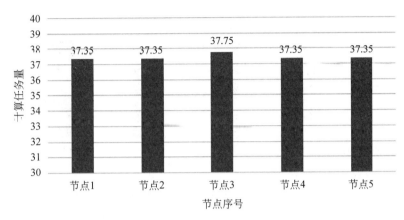

图 2.3　实验三节点负载表

实验三运行结果数据见表 2.5。

表 2.5　实验三运行结果数据

节点序号	任 务 序 号	文 件 序 号	任务数	计算量
节点 1	2,22,26,28,32,40,41,42,43	1,3,4,5,6,7,8,9,10	9	37.35
节点 2	5,10,12,13,18,20,31,35,36,45	1,2,3,4,5,6,7,9,10	10	37.35
节点 3	3,4,7,16,19,21,23,25,39	1,2,3,4,5,6,7,8,9,10	9	37.75
节点 4	1,17,24,27,29,30,34,37	1,2,3,4,5,6,7,8,9,10	8	37.35
节点 5	6,8,9,11,14,15,33,38,44	1,2,4,5,6,7,8,9,10	9	37.35

2.3.4　文件大小不同,比较任务数不能均分

将 10 个大小分别为 1.5MB、2.2MB、1.8MB、3MB、1.9MB、0.95MB、2MB、1.6MB、3.2MB、2.6MB 的基因序列文件分发到大数据平台的 4 个节点上进行序列比对。实验运行结果如图 2.4 所示,4 个节点中有 3 个节点分发到的计算任

务量为 46.7,剩余一个节点分发到的计算任务量为 46.65,基本达到负载均衡。

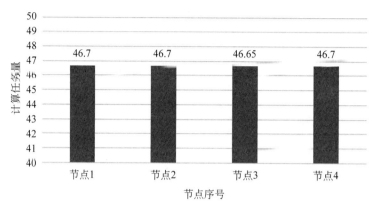

图 2.4　实验四节点负载表

实验四运行结果数据见表 2.6。

表 2.6　实验四运行结果数据

节点序号	任务序号	文件序号	任务数	计算量
节点 1	1,8,11,17,19,29,32,33, 41,45	1,2,3,4,5,7,8,9,10	10	46.7
节点 2	4,13,16,20,24,26,30,31,35, 37,39,42	1,2,3,4,5,6,7,8,9,10	12	46.7
节点 3	3,5,10,15,18,22,27,28,34, 43,44	1,2,3,4,5,6,7,8,9,10	11	46.65
节点 4	2,6,7,9,12,14,21,23,25,36, 38,40	1,2,3,4,5,6,7,8,9,10	12	46.7

通过上述 4 个实验的实验结果可以看出,在保证分发文件总量大小不超过节点存储上限和数据完全本地化的基础上,不管文件大小是否相同,对于理论上可以达到完全负载均衡的情况,算法实际分配结果完全可以达到各个节点计算负载完全均衡。对于理论上不能达到完全负载均衡的情况,算法实际分配结果可以使得各个节点计算负载相差不大,基本达到计算负载均衡。

2.4　模型优化与改进

对式(2-12)所示混合整数规划模型进行算法设计和实验测试,可以发现虽然分布式环境下各个节点负载相差不大,基本达到负载均衡,但是节点的存储量过大。例如在实验四中,节点 2、节点 3 和节点 4 中需要存储所要分发的所有文件。因此,式(2-12)所示混合整数模型存在节点存储过高的问题,仍需进一步改进。

2.4.1　模型优化改进

通过式(2-12)所示混合整数模型可以计算集群环境下分配到每个节点的计算任务量。假定由式(2-12)所示混合整数模型计算得到的每个节点累计计算量为

$$C_j \quad (j = 1, 2, \cdots, n) \tag{2-13}$$

令 $C_{\max} = \max\{C_1, C_2, \cdots, C_n\}$,并用 $y_{rt}(r = 1, 2, \cdots, m; t = 1, 2, \cdots, n)$ 表示在第 r 个需要比较的文件是否存储到第 t 个节点。同时假定决策变量 x_{kt} 的编号方式如表 2.4 所示。

通过表 2.3 进一步推得当 $x_{kt} = 1$ 时第 k 个两两比较计算任务中的每一个文件都需要存放在第 t 个节点位置。则分布式环境下各个节点的存储量总和如式(2-14)。

$$\sum_{r=1}^{m} \sum_{t=1}^{n} s_r y_{rt} \tag{2-14}$$

同时两组决策变量 x_{kt} 与 y_{rt} 之间存在式(2-15)所示关系。

$$\sum_{k \in U_r} x_{kt} \leqslant n y_{rt} \quad (r = 1, 2, \cdots, m; t = 1, 2, \cdots, n) \tag{2-15}$$

其中 U_r 表示所有包含第 r 个文件的序号 k 构成的集合。显然当 $x_{kt}(k \in U_r)$ 中只要有一个等于 1,则 $y_{rt} = 1$。

综合式(2-12)、式(2-14)和式(2-15),以分布式环境下各个节点的存储量总和最小为目标,建立如式(2-16)所示混合整数规划模型。

$$\min \sum_{r=1}^{m} \sum_{t=1}^{n} s_r y_{rt}$$

$$\text{s.t.} \begin{cases} \sum_{t=1}^{n} x_{kt} = 1 & \left(k = 1, 2, \cdots, \dfrac{m(m-1)}{2}\right) \\[2ex] \sum_{k=1}^{\frac{m(m-1)}{2}} c_{kt} x_{kt} \leqslant C_{\max} & (t = 1, 2, \cdots, n) \\[2ex] \sum_{k \in U_r} x_{kt} \leqslant n y_{rt} & (r = 1, 2, \cdots, m; t = 1, 2, \cdots, n) \\[2ex] x_{kt} = 0 \text{ 或 } 1 & \left(k = 1, 2, \cdots, \dfrac{m(m-1)}{2}; t = 1, 2, \cdots, n\right) \\[2ex] y_{rt} = 0 \text{ 或 } 1 & (r = 1, 2, \cdots, m; t = 1, 2, \cdots, n) \end{cases} \tag{2-16}$$

2.4.2　算法设计

式(2-16)所示优化后的混合整数规划模型主要分为计算均衡任务分配结果矩阵和在保证计算负载均衡情况下节点存储最小化任务分配结果两个阶段,其算法流程详细设计见表 2.7。

表 2.7　文件分发优化算法相关伪代码详细描述

输入:m,n,s,u
输出:结果分配矩阵,存储情况矩阵

过程 1:计算均衡任务分配结果矩阵
步骤 1:定义并初始化变量
定义并初始化变量参数 m,n,s:m←文件个数,n←节点个数,s←[$s_1, s_2, \cdots, s_m$];
　　if s.length==0 then
　　　　s←m 行 1 列各元素值全为 1 的单位矩阵;
　　end if
步骤 2:声明并初始化误差:wc=10^−6;

步骤 3：计算任务与文件对应关系矩阵 deci

定义任务序号变量：taskno←1；

for i＝1 to m do

　　for j＝i+1 to m do

　　　　deci(taskno,1：4)←[taskno, i, j, s(i)+s(j)]；

　　　　taskno++；

　　end for

end for

步骤 4：计算理论上每个节点的平均任务量：av_work←sum(deci(：,4))/n

步骤 5：为混合整数线性规划一般形式的参数进行值设置

　　i)为目标函数变量系数矩阵 f 设置值；

　　　　定义临时变量 i,j；i←length(deci(：,1))*n；j←2*n；

　　　　f←i+j 行 1 列矩阵,其中前 i 行元素为 0,后 j 行元素为 1；

　　ii)为相应等式约束的变量系数矩阵 aeq 设置值

　　　　for i＝1 to length(deci(：,1)) do

　　　　　　for j＝1 to n do

　　　　　　　　aeq(i,(i−1)*n+j)←1；

　　　　　　end for

　　end for

　　　　for j＝1 to n do

　　　　　　for i＝1 to length(deci(：,1)) do

　　　　　　　　aeq(length(deci(：,1))+j,(i−1)*n+j)←deci(i,4)；

　　　　　　　　aeq(length(deci(：,1))+j,n*length(deci(：,1))+(j−1)*2+
　　　　　　　　1)←−1；

　　　　　　　　aeq(length(deci(：,1))+j,n*length(deci(：,1))+j*2)←1；

　　　　　　end for

　　end for

　　iii)为相应等式约束变量资源矩阵 beq 设置值；

　　　　定义临时变量 i；i←length(deci(：,1))；

　　　　beq←i+n 行 1 列矩阵,其中前 i 行元素为 1,后 j 行元素为 av_work；

　　iv)为相应等式约束变量资源矩阵 a 设置值：a=[]；

　　v)为相应不等式约束系数矩阵 b 设置值：b=[]；

　　vi)为整数变量下标序号向量 intcon 设置值：intcon←1：length(deci(：,1))*n；

　　vii)为变量下限 LB 和上限 UB 设置值；

　　　　定义临时变量 i,j；i←length(deci(：,1))*n；j←2*n；

LB ← i+j 行 1 列元素全为 0 的矩阵；

UB ← i+j 行 1 列矩阵，其中前 i 行元素为 1，后 j 行元素为 +∞；

步骤 6：利用实现求解混合整数规划模型问题的分支定界法 intlinprog 函数求最优解（计算均衡任务分配结果矩阵）：[X,Y] ← intlinprog(f,intcon,a,b,aeq,beq,LB,UB)；

定义临时矩阵变量 sum，sum ← n 行 1 列元素全为 0 的矩阵；

for i=1 to length(deci(:,1)) do

　　for j=i+1 to n do

　　　　if X((i−1) * n+j)>0.99999 then

　　　　　　sum(j)← sum(j)+1；

　　　　　　result(j,sum(j))← i；

　　　　end if

　　end for

end for

过程 2：保证计算均衡下的存储最小化任务分配结果

步骤 7：生成各个节点计算量矩阵

定义变量 max_t，result 计算量均衡情况下，任务编号与节点对应关系；

max_t=length(result(1,:))将 result 第一行的长度赋值给 max_t；

result(:,max_t+1)=0 将所有行的第 max_t +1 列赋值 0；

　　for i=1 to n do

for j=1 to max_t do

　　　　if result(i,j)! =0

　　　　　　result(i,max_t+1)=result(i,max_t+1)+deci(result(i,j),4)；

　　　　end if

　　end for

end for

步骤 8：定义并初始化任务均衡分配后的各计算机计算量上界：

c_max = max(result(:,end))+wc；

步骤 9：优化后的混合整数线性规划参数设置

i) 为相应等式约束的变量系数矩阵 a 设置值；

　　定义临时变量 i；i←length(aeq(1,:))；

　　a← n 行 i 列元素全为 0 的矩阵；

　　for i=1 to n do

　　　　for j=1 to length(deci(:,1)) do

$$a(i,i+(j-1)*n) \leftarrow deci(j,4);$$
    end for
   end for
ii) 为相应等式约束变量资源矩阵 b 设置值:
$b = c\_max * ones(n,1);$
$b = [b; zeros(n*m,1)];$
iii) 初始化参数
  定义临时矩阵变量 sum=0,
  for r=1 to m do
   for t=1 to n do
    sum1=sum1+1;
    for k=1 to length(deci(:,1))do
     if deci(k,2)==r || deci(k,3)==r
    a(n+sum1,(k-1)*n+t)=1;
    end if
   end for
   a(n+sum1,length(aeq(1,:))+sum1)=-1*n;
   f(n*m*(m-1)/2+2*n+sum1)=s(r);
  end for
 end for
for i=1 to length(deci(:,1)) do
 for j=1 to n do
  aeq1(i,(i-1)*n+j)=1;
 end for
end for
iv) 为相应等式约束变量资源矩阵 aeq1 设置值: aeq1← (length(deci(:,1)),
  length(f))=0;
 v) 为相应不等式约束系数矩阵 beq 设置值: beq1← ones(length(deci(:,1)),1);
 vi) 为整数变量下标序号向量 intcon 设置值: intcon←1: length(a(1,:));
 vii) 为变量下限 LB 和上限 UB 设置值;
  定义临时变量 i,j; i←length(a(:,1))*n; j←length(deci(:,1))*n;
  LB ← i 行 1 列元素全为 0 的矩阵;
  UB ← i+j 行 1 列矩阵,其中前 i 行元素为 1,后 j 行元素为+∞;
步骤 10: 利用实现求解混合整数规划模型问题的分支定界法 intlinprog 函数求最优解(保证计算均衡任务分配结果矩阵): [X,Y] ← intlinprog(f,intcon,a,b,aeq,beq,LB,UB);

定义临时矩阵变量 sum，sum ← n 行 1 列元素全为 0 的矩阵；

  for i＝1 to length(deci(：,1)) do

    for j＝i+1 to n do

     If X((i-1) * n+j)＞0.99999 then

      sum(j)← sum(j)+1;

      result(j,sum(j))← i;

     end if

    end for

  end for

end for

步骤 11：计算每个节点的总计算量

  定义临时矩阵变量 max_t←length(result1(1,：));

result1←(：,max_t+1)＝0;

for i＝ 1 to n do

  for j＝1 to max_t do

    if result1(i,j)！＝0

     result1(i,max_t+1)＝result1(i,max_t+1)+deci(result1(i,j),4);

    end if

  end for

end for

步骤 12：生成存储情况矩阵

  定义临时矩阵变量 sf ←X(n * m * (m-1)/2+2 * n+1：end);scqk＝[];

  for i＝1 to m do

    scqk＝[scqk sf((i-1) * n+1：i * n)];

  end for

  scdx＝zeros(n,1);

    for i＝1 to n do

     for j＝1 to m do

      if scqk(i,j) ＞ 0

       scdx(i)＝scdx(i)+s(j);

      end if

     end for

    end for

2.4.3 优化模型算法实验与结果分析

在 MATLAB 2018a 环境下进行文件分发算法实验,按照分发文件大小是否相同和比较任务数是否可以均分进行实验数据的设置,可设置如下 4 个实验。

1. 文件大小相同,比较任务数可以均分

将 10 个大小相同(均为 1MB)的基因序列文件分发到大数据平台的 5 个节点上进行序列比对。实验运行结果如图 2.5 所示,分发到每个节点的文件比较任务计算量完全相同,可以达到完全负载均衡。

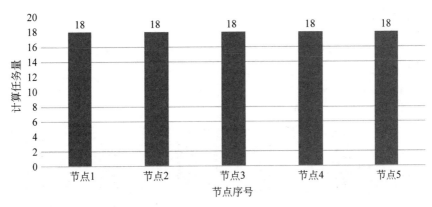

图 2.5 实验一节点负载表

文件数 m 为 10,节点数 n 为 5,通过计算可以得到 $m(m-1)\%(2*n)=0$,即分发到每个节点的任务数相同。实验一运行结果数据见表 2.8。

表 2.8 实验一运行结果数据

节点序号	任 务 序 号	文件序号	任务数	所需存储空间/MB	计算量
节点 1	4,5,6,7,8,32,34,36,40	1,5,6,7,8,9	9	6	18
节点 2	18,20,22,26,28,29,37,38,43	3,4,6,8,9	9	5	18

续表

节点序号	任 务 序 号	文件序号	任务数	所需存储空间/MB	计算量
节点 3	12,13,15,17,31,33,35,39,44	2,5,6,8,10	9	5	18
节点 4	10,14,16,21,23,24,41,42,45	2,3,7,9,10	9	5	18
节点 5	1,2,3,9,11,19,25,27,30	1,2,3,4,5,6,7,10	9	8	18

各个节点所需的存储资源见表2.8。节点 1 需要 6MB 的存储容量,节点 2 需要 5MB 的存储容量,节点 3 需要 5MB 的存储容量,节点 3 需要 5MB 的存储容量,节点 5 需要 8MB 的存储容量。模型优化前后节点所需的存储容量对比如图 2.6 所示。

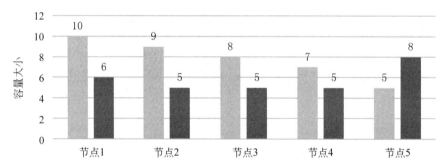

图 2.6　实验一存储容量对比图

从图 2.6 可以看出,模型优化前后节点文件存储所需的存储容量情况: 节点 1 节省了 4MB,节点 2 节省了 4MB,节点 3 节省了 3MB,节点 4 节省了 2MB,节点 5 多用了 3MB。从整体上来讲存储空间节省了 10MB,并且各个节点的存储也比较均衡。

2. 文件大小相同,比较任务数不能均分

将 10 个大小相同(均为 1MB)的基因序列文件分发到大数据平台的 4 个节点上进行序列比对。因为文件数 m 为 10 且文件大小相同,节点数 n 为 4,那么可以得到 $m(m-1)\%(2*n)!=0$,即从理论上讲该组实验数据无法达到各个节点负载的完全均衡。实验运行结果如图 2.7 所示,4 个节点中有 3 个节点分发到的计算任务量为 22,剩余一个节点分发到的计算任务量为 24,基本达到负载均衡。

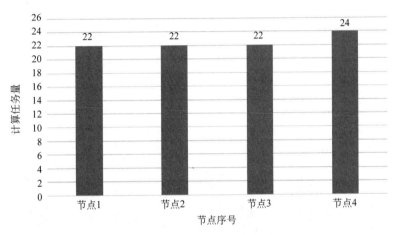

图 2.7　实验二节点负载表

文件数 m 为 10 且文件大小相同,节点数 n 为 4,那么可以得到 $m(m-1)\%$ $(2*n)=2$,即分发到每个节点的任务数不相同。实验二运行结果数据见表 2.9。

表 2.9　实验二运行结果数据

节点序号	任　务　序　号	文件序号	任务数	所需存储空间/MB	计算量
节点 1	2,3,6,8,19,27,28,32,34,41,43	1,3,4,5,7,8,9,	7	7	22
节点 2	1,9,10,15,16,21,22,23,37,40,45	1,2,3,6,7,8,9,10	8	8	22

续表

节点序号	任 务 序 号	文件序号	任务数	所需存储空间/MB	计算量
节点 3	4,5,7,14,26,30,33,36,39,42,44	1,2,4,5,6,7,8,10	8	8	22
节点 4	11,12,13,17,18,20,24,25,29,31,35,38	2,3,4,5,6,9,10	7	7	24

各个节点所需的存储空间见表 2.9,节点 1 需要 7MB 的存储容量,节点 2 需要 8MB 的存储容量,节点 3 需要 8MB 的存储容量,节点 4 需要 5MB 的存储容量。优化前后节点所需的存储容量对比如图 2.8 所示。

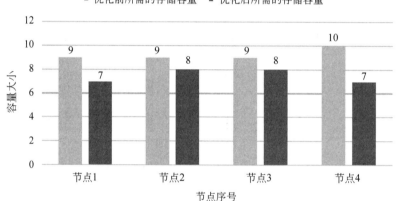

图 2.8 实验二存储容量对比图

从图 2.8 可以看出,模型优化前后节点文件存储所需的存储容量情况:节点 1 节省了 2MB,节点 2 节省了 1MB,节点 3 节省了 1MB,节点 4 节省了 3MB。从整体上讲存储空间节省了 7MB,并且各个节点的存储也比较均衡。

3. 文件大小不同,比较任务数可以均分

将 8 个大小分别为 15MB、12MB、5MB、7MB、1MB、6MB、35MB、27MB 的基因序列文件分发到大数据平台的 4 个节点上进行序列比对。尽管文件数

m 为 8,节点数 n 为 4,可以得到 $m(m-1)\%(2*n)=0$,但是由于文件大小不同,因此该组实验数据有可能无法达到各个节点负载的完全均衡。实验运行结果如图 2.9 所示,4 个节点的计算任务量均为 189,完全达到负载均衡。

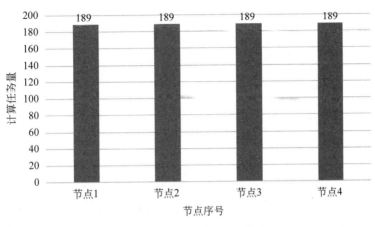

图 2.9　实验三节点负载表

文件数 m 为 8,节点数 n 为 4,可以得到 $m(m-1)\%(2*n)=0$,由于文件大小不同,因此该组实验数据有可能无法达到各个节点负载的完全均衡。实验三运行结果数据见表 2.10。

表 2.10　实验三运行结果数据

节点序号	任 务 序 号	文件序号	任务数	所需存储空间/MB	计算量
节点 1	15,16,19,22,23,25,27,28	3,4,5,6,7,8	8	81	189
节点 2	3,5,6,20,21,26	1,4,6,7	6	63	189
节点 3	8,9,11,12,14,17,24	2,3,4,5,6,7	7	66	189
节点 4	1,2,4,7,10,13,18	1,2,3,5,8	7	60	189

各个节点所需文件个数见表 2.10,节点 1 需要 81MB 的存储容量,节点 2 需要 63MB 的存储容量,节点 3 需要 66MB 的存储容量,节点 4 需要 60MB 的存储容量。优化前后节点所需的存储容量对比如图 2.10 所示。

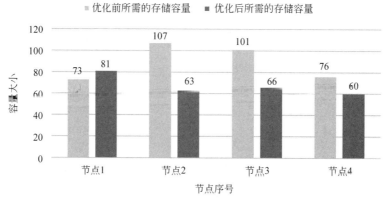

图 2.10　实验三存储容量对比图

从图 2.10 可以看出,模型优化前后节点文件存储所需的存储容量情况:节点1 多用了 8MB,节点 2 节省了 44MB,节点 3 节省了 35MB,节点 4 节省了 16MB。从整体上来讲存储空间节省了 87MB,并且各个节点的存储也比较均衡。

4. 文件大小不同,比较任务数不能均分

将 11 个大小分别为 2MB、1MB、1MB、5MB、4MB、2MB、5MB、1MB、3MB、2MB、4MB 的基因序列文件分发到大数据平台的 4 个节点上进行序列比对。实验运行结果如图 2.11 所示,分发到的各个节点的计算任务量均为 78,完全达到负载均衡。

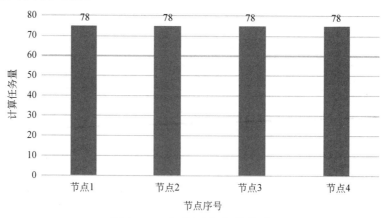

图 2.11　实验四节点负载表

文件数 m 为 11,节点数 n 为 4,通过计算可以得到 $m(m-1)\%(2*n)=6$,即分发到每个节点的任务数不相同。实验四运行结果数据见表 2.11。

表 2.11　实验四运行结果数据

节点序号	任 务 序 号	文件序号	任务数	所需存储空间/MB	计算量
节点 1	13,18,20,22,23,24,29,30,31,36,37,39,48	1,2,3,4,5,6,7,8,10	13	21	75
节点 2	2,3,8,21,25,28,32,34,40,47,49	3,4,5,7,9,11	11	24	75
节点 3	4,5,7,10,11,12,16,17,26,27,33,35,38,42,43,55	1,2,3,4,5,6,8,9,10,11	16	25	75
节点 4	1,6,9,14,15,19,41,44,45,46,50,51,52,53,54	1,2,6,7,8,9,10,11	15	20	75

各个节点优化前后所需的存储资源如图 2.12 所示,优化前,各节点均需要 75MB 的存储容量。优化后,节点 1 需要 21MB 的存储容量,节点 2 需要 24MB 的存储容量,节点 3 需要 25MB 的存储容量,节点 4 需要 20MB 的存储容量。优化前后节点所需的存储容量如图 2.12 所示。

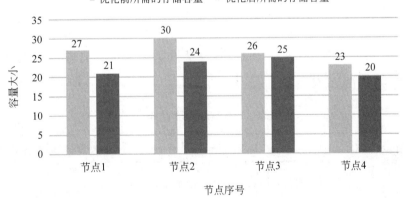

图 2.12　实验四存储容量对比图

从图 2.12 可以看出,模型优化前后节点文件存储所需的存储容量情况:节点 1 节省了 6MB,节点 2 节省了 6MB,节点 3 节省了 1MB,节点 4 节省了 3MB。从整体上来讲存储空间节省了 16MB,并且各个节点的存储也比较均衡。

从上述 4 个实验的实验结果可以看出,在保证分发文件总量大小不超过节点存储量上限和数据完全本地化的前提下,不管文件大小是否相同,对于理论上可以达到完全负载均衡的情况,分配结果完全可以使得各个节点的负载完全均衡。对于理论上不能达到完全负载均衡的情况,分配结果可以使得各个节点负载相差不大,基本达到负载均衡。

在保证计算负载完全均衡或基本均衡的情况下,对模型进行再一次的优化,可以使得总体的存储压力均降低,通过各个实验前后的存储容量对比数据可以看出,优化后各个节点所需的存储容量均大大减少。

2.5　全量分发、Hadoop 分发和文件分发模型比较实验

本次实验将对全量分发(将所有分发文件在每个集群节点都复制一份)、Hadoop 默认分发机制、文件分发模型和文件分发优化模型这 4 种文件分发机制在存储容量、数据本地化、负载均衡等方面进行对比分析。

2.5.1　实验设置

实验选取的分发文件为 fasta 类型基因数据,分发文件具体情况、节点个数,以及实验情况见表 2.12。

表 2.12　实验设置描述

实验编号	节点数	分发文件说明	实验情况说明
1	5	文件个数为 10,大小相同,均为 9.7MB	文件大小相同,比较任务数可以均分
2	4	文件个数为 10,大小相同,均为 9.7MB	文件大小相同,比较任务数不能均分

实验编号	节点数	分发文件说明	实验情况说明
3	5	文件个数为 10，大小不同，文件大小（单位：MB）：9.7、9.7、11.6、10.7、11.6、8.7、7.7、8.7、10.7、7.7	文件大小不同，比较任务数可以均分
4	4	文件个数为 10，大小不同，文件大小（单位：MB）：9.7、9.7、11.6、10.7、11.6、8.7、7.7、8.7、10.7、7.7	文件大小不同，比较任务数不能均分

2.5.2　存储量比较

存储量是指文件分发完成后所占用集群环境中各个节点存储空间的数量，在处理多个大数据文件时，该指标是考查分发机制优劣的重要指标。

1. 全量分发存储量情况

对以上设计的 4 组实验，利用全量分发机制进行文件分发，占有集群环境下各个节点存储空间情况见表 2.13。

表 2.13　全量分发机制存储空间占用情况　　　（单位：MB）

实验编号	节点 1	节点 2	节点 3	节点 4	节点 5	总存储容量
1	97	97	97	97	97	485
2	97	97	97	97		388
3	97	97	97	97	97	485
4	97	97	97	97		388

2. Hadoop 默认文件分发机制

以 Hadoop 2.7.2 版本为例，其默认的文件分发机制中默认副本数为 3，第一个副本位于 Client 所在的节点上,如果 Client 不在分布式集群环境中,随机选一个;第二个副本和第一个副本位于相同机架,随机节点;第三个副本位于不同机架,随机节点。对以上设计的 4 组实验,利用 Hadoop 2.7.2 默认的分发机制进行文件分发,占有集群环境下各个节点存储空间情况见表 2.14。

表 2.14　Hadoop 默认分发机制下存储占用情况　　（单位：MB）

实验编号	节点 1	节点 2	节点 3	节点 4	节点 5	总存储容量
1	68.11	58.38	29.19	89.57	48.65	293.90
2	48.65	77.84	77.84	87.57		291.90
3	59.37	46.72	79.81	58.40	47.69	291.99
4	71.05	78.84	55.48	86.62		291.99

3. 文件分发模型（优化前）

式(2-12)所示文件分发模型,在满足数据本地化和存储不超过节点存储上限的条件下,使得各节点计算负载尽量均衡。对以上设计的 4 组实验,采用该模型进行文件分发,占有集群环境下各个节点存储空间情况见表 2.15。

表 2.15　文件分发模型优化前存储占用情况　　（单位：MB）

实验编号	节点 1	节点 2	节点 3	节点 4	节点 5	总存储容量
1	87.3	87.3	77.6	77.6	87.3	417.1
2	97.0	97.0	87.3	87.3		368.6
3	77.5	79.5	79.4	96.9	78.5	411.8
4	96.9	96.9	96.9	85.3		376.0

4. 文件分发优化模型

式(2-16)所示文件分发优化模型是对式(2-12)所示的文件分发模型的优

化,在满足数据本地化和存储不超过节点存储上限的条件下,使得各节点计算负载尽量均衡和占用存储最少。对以上设计的 4 组实验,采用该模型进行文件分发,占有集群环境下各个节点存储空间情况见表 2.16。

表 2.16　文件分发模型优化后存储占用情况　　（单位：MB）

实验编号	节点 1	节点 2	节点 3	节点 4	节点 5	总存储容量
1	58.2	58.2	48.5	48.5	58.2	271.6
2	77.6	87.3	58.2	67.9		291.0
3	58	58.1	48.4	57.1	57.1	278.7
4	76.4	73.6	70.7	67.7		288.4

通过对全量分发、Hadoop 默认分发机制、文件分发模型和文件分发优化模型这 4 种文件分发策略总存储量情况进行比较,可以得到如图 2.13 所示的占用存储量对比情况。

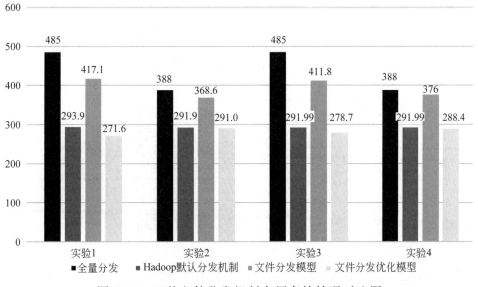

图 2.13　四种文件分发机制占用存储情况对比图

通过图 2.13 可以看出，在占用节点存储空间方面，全量分发占用节点总存储空间最大，文件分发模型次之，Hadoop 默认分发机制再次之，文件分发优化模型占用节点总存储空间最小。

2.5.3 负载均衡和数据本地化情况比较

Hadoop 的任务调度依赖于 YARN 框架，YARN 每次都会调一个 Map，因此可以将比较任务与 Map 一一绑定。YARN 会根据指定的资源调度器生成的调度方案将 Map 任务分配到合适的节点上。目前，Hadoop 作业调度器主要有 3 种：先进先出（FIFO）调度器、容量调度器（Capacity Scheduler）和公平调度器（Fair Scheduler）。Hadoop 2.7.2 默认的资源调度器是容量调度器。

假定现有 10 个大小相同（文件大小为 10MB）的基因序列文件要分配到 4 个节点上进行两两比较任务。将 10 个文件上传至 HDFS 上 input 目录中，上传完成后通过统计基因序列文件在节点 1、节点 2、节点 3 和节点 4 的分布情况见表 2.17。

表 2.17　各个节点上文件分布情况

节点编号	文件编号
1	1,2,3,4,6,7,8,9,10
2	2,4,5,6,7,8,9,10
3	1,3,4,5,7,9,10
4	1,2,3,4,5,6,8

利用式(2-1)可得任务数为 45 个，同时按照式(2-2)约定每项比较任务计算量为两个相比较文件的大小之后，任务、文件、任务计算量对应关系见表 2.18。

表 2.18　任务、文件、任务计算量对应关系

任务编号	文件 1	文件 2	任务计算量
1	1	2	20
2	1	3	20
3	1	4	20
⋮	⋮	⋮	20
15	9	10	20

Hadoop 作业调度器每次执行一个任务,再执行任务时需要的基因序列文件请求放置在调度模块中。在 Map 函数中,读取两个输入文件的数据,进行比较计算,并将比较的结果存放到输出文件中。假定基因序列比对函数需要输入两个 HDFS 的地址,因此将每个任务需要的文件地址存放到一个单独的文件中。由于一个文件对应一个 Map,因此一个 Map 即为一个比较任务,将计算结果输出到指定的文件中。通过查看历史服务器,查看执行 maptask所在的节点和 log 文件,便可知任务执行了哪个输入文件(/task/i.txt),即节点上执行了哪些比较任务。通过统计各个节点执行的比较任务,则可知各个节点计算需要哪些文件。通过统计分析可得,如表 2.19 所示的节点任务、文件对应关系表。

表 2.19　节点任务、文件对应关系

节点编号	任务编号	需要的文件编号	已有文件	需从其他节点获取的文件
1	2,6,7,8,14,18,19,20,21,22,37,38,40,41	1,2,3,4,5,6,7,8,9	1,2,3,4,6,7,8,9	5
2	1,4,9,10,11,12,13,15,30,31,32,33,35,36,43	1,2,3,4,5,6,7,8,9,10	2,4,5,6,7,8,9,10	1,3
3	5,17,23,24,39,42,44,45	1,2,3,6,7,8,9,10	1,3,7,9,10	2,6,8
4	3,16,25,26,27,28,29,34	1,2,4,5,6,7,8,9	1,2,4,5,6,8	7,9

依据表 2.18 任务对应的计算量和表 2.19 节点所执行的任务,可以计算得出每个节点的总计算量见表 2.20。

表 2.20 节点计算量分配

节点	1	2	3	4
计算量	280	300	160	160

表 2.20 所示各个节点的计算量相差很大,即 Hadoop 分发机制下各个节点的计算负载不均衡。

当 HDFS 设置的块大小为 128MB,副本数为 3 时,如果文件小于块大小,一个文件能在 3 个节点上存在,如果文件大于块大小,则一个文件在 3 个节点以上存在。因此数据本地化率仅仅考虑文件个数,文件大于 128MB 会造成当前计算节点上有的文件不计入需要从外部获取的文件分类,即所有文件大小在块大小之内,可以采用计数的形式计算数据本地化率,大于 128MB 时,该方法不可取。如果采用统计需要移动的文件大小,则无论文件大小怎样变化,都可以计算数据本地化率。假定某一节点上进行所有计算,该节点进行计算所需的文件总大小为 M_n。该节点上已有的可以进行计算的文件大小为 M。则数据本地化率 B 如式(2-17)所示。

$$B = \frac{M}{M_n} \times 100\% \tag{2-17}$$

根据表 2.19 中需要的文件编号和需从其他节点获取的文件数据及约定的文件大小,可得各个节点的数据本地化情况见表 2.21。

表 2.21 节点数据本地化情况

节点	1	2	3	4
本地化率/%	88	80	62.5	75

通过表 2.21 的各个节点数据本地化情况可以看出,Hadoop 默认的文件

分发机制不能实现完全的数据本地化,在任务的执行过程中需要通过网络获取其他节点的数据文件,网络数据传输将造成比较任务执行时间大大增加。

2.6　本章小结

本章主要对全比较问题进行了形式化描述,构建了一个满足数据本地化、存储均衡且不超过节点存储上限、节点负载均衡等条件的多目标最优化通用数据文件分发模型;针对文件分发模型存在节点存储浪费问题,对文件分发模型进行了优化,通过多组实验对优化模型的有效性进行了验证;对全量分发、Hadoop 默认分发机制和文件分发模型在文件占用存储空间、负载均衡和数据本地化方面进行比较验证。

参考文献

[1]　Yang X P, Zhou X G, Cao B Y. Multi-level linear programming subject to addition-min fuzzy relation inequalities with application in Peer-to-Peer file sharing system[J]. Journal of Intelligent and Fuzzy Systems, 2015, 28(6): 2679-2689.

[2]　JIAO X, MU J. Improved check node decomposition for linear programming decoding[J]. IEEE Communications Letters, 2013, 17(2): 377-380.

[3]　孙建英. MATLAB 平台下运筹学模型的仿真实验[J]. 沈阳大学学报(自然科学版), 2016, 28(4): 337-339.

[4]　木仁, 吴建军, 李娜. MATLAB 与数学建模[M]. 北京: 科学出版社, 2018: 63-78.

[5]　Ibm Ilog Cplex Optimizervl2.5[R/OL]. 2013-08-01. http://www-01.ibm.com/software/commerc e/optimization/cplex-optimizer/.

[6]　Gurobi Optimization Corp. Gurobi optimizer v5.6[R/OL]. 2014-04-01. http://www.gurobi.com/.

[7]　邓俊. 机组组合混合整数线性规划模型的研究与改进[D]. 南宁: 广西大学, 2014:

12-16.

[8] PITTY S S，KARIMI I A. Novel MILP models for scheduling permutation flowshops[J]. Chemical product and process modeling，2008，3(1)：1-46.

[9] MÜLLER E R，CARLSON R C，JUNIOR W K. Intersection control for automated vehicles with MILP[J]. IFAC-PapersOnLine，2016，49(3)：37-42.

[10] 天工在线.中文版 MATLAB 2018 从入门到精通：实战案例版［M].北京：中国水利水电出版社,2018：132-185.

[11] 周建兴，岂兴明，矫津毅，等. MATLAB 从入门到精通［M]. 2 版.北京：人民邮电出版社,2012：35-92.

第 3 章　基于启发式的基因组序列比对大数据分发模型

为了解决大数据集的全比较问题,将大量的数据文件分发到分布式计算系统中会对整体计算性能产生很大的影响。本章提出了一个启发式的数据分配策略来处理同构分布计算系统中的全比较问题;从构建原则出发,从不同的角度讨论了为全比较问题分发数据文件所面临的挑战;在分析数据分发问题的基础上,提出一种基于贪婪思想的启发式数据分发算法。该数据分发策略不仅能够节省存储空间和数据分发时间,而且可以实现全比较问题的所有比较任务的负载均衡和良好的数据本地化。基于数据分发的结果,我们还提出了一种静态任务调度策略和数据分发策略,实现了让系统以静态负载均衡的方式分配比较任务。最后,不同的实验验证了该数据分发策略在同构分布计算系统中的有效性。

3.1　文件分发模型的构建

3.1.1　构建原则

在分布式系统中进行全比较计算的典型场景描述如图 3.1 所示。一般来说,数据管理器应该首先管理所有数据并将其分发给计算节点。然后,计算任务由作业追踪器生成并分配给计算节点。最后,任务执行者执行计算任务来处理相关的数据集。

从图 3.1 的工作流程可以看出,要有效地解决全比较问题,需要改进数据分配和计算阶段。

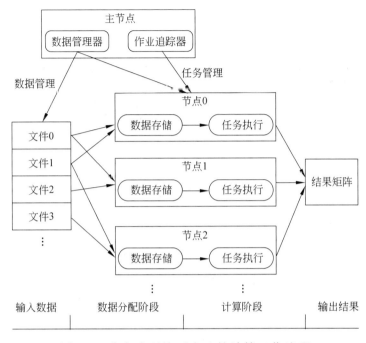

图 3.1　分布式环境下全比较计算工作流程

　　数据本地化和数据分发是分布式环境下大数据处理的整体计算性能的两个关键因素。

　　数据本地化是处理大数据问题的基本原则。这意味着把计算操作分配给拥有计算任务所需数据的计算节点通常可以获得更高的计算效率。由于繁重的网络通信和数据传输，需要访问远程数据集的计算任务可能非常低效。

　　当所有计算节点都分配了与其处理能力相匹配的适当数量的计算任务时，大数据问题的分布式计算效率更高。在这种情况下，系统的所有计算能力都可以得到有效利用。

　　因此，用于全比较问题的分布式计算的数据分发策略应能够满足两个条件：执行比较任务所需的数据具有良好数据本地化；通过对具有良好数据本地化的任务进行调整来平衡比较任务的负载。

3.1.2　当前不足

全量分发和使用 Hadoop 数据策略是解决全比较问题时广泛使用的两种数据分发策略。在这一部分中,我们将深入讨论这两种数据分发策略的不足。

1. 全量分发策略问题

全量分发是指将所有数据文件存储到系统中的每个计算节点,这是分布式环境下解决数据分发问题的一种简单方法。许多解决方案[1-2]都选择让每个计算节点存储所有必需的数据文件。使每个数据文件具有最大副本数,并且将任何比较任务分配给任何计算节点,可以实现高可靠性,但是这种数据分发策略不适合处理大量的数据文件。

(1) 巨大的存储量需求。将所有数据文件存储到全部的计算节点是由集中式计算解决方案所产生的策略。采用这种数据分发策略的分布式系统设计简单,因为其避免了划分数据集带来的问题,使得应用系统只需考虑调度计算任务。将所有数据文件放在任何地方的策略,由于存储使用量可能太大,使得应用系统无法处理大数据问题。例如,将 M 个数据文件放在 N 个计算节点,为了将所有数据文件存储到每个计算节点,系统中需要存储总共 $M \times N$ 个数据文件。

(2) 典型的全比较问题通常需要处理大量的数据文件。例如,在 Moretti 等[3]提出的一个实验中,在 100～200 台不同的机器上,对近 60000 个数据文件进行了配对比较。在这种情况下,至少需要在系统中存储 600 万个数据文件,这将花费大量的数据分发时间,并且将产生巨大的存储使用量。

(3) 存储空间的浪费。此外,以这种方式存储数据可以使大多数数据文件永远不被使用。对于大型数据集的全比较问题来说,仅仅为了实现高可靠性而存储数据文件,总体来说可能是一个漫长过程,并且将造成存储资源的浪费。

以 9 个数据文件和 3 个计算节点为例,其总共需要执行 36 个比较任务。图 3.2 显示了这 9 个数据文件的可能数据分发策略。如图 3.2 所示,分发数据文件可以使每个计算节点分配 12 个不同的比较任务。因此,所有的比较任务都可以在不进一步移动数据的情况下完成,并且还可以实现系统负载均衡。

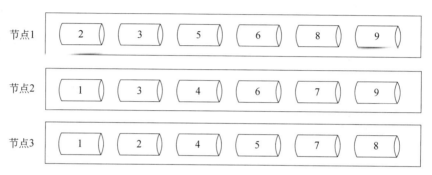

图 3.2　在 3 个计算节点分布式系统中处理 9 个数据文件的情况

在这个例子中,对于 9 个数据文件,只需要在每个计算节点上存储 6 个数据文件。这意味着,与向每个计算节点存储 9 个数据文件相比,这将造成 30% 的存储浪费。当数据文件的数量和计算节点的数量增加时,结果可能会更不理想。

2. Hadoop 数据策略问题

Hadoop 数据策略已经被广泛应用于解决多对多比较问题的研究中。Hadoop 分布式文件系统(HDFS)提供了一种分发和存储大数据集的策略。在 HDFS 数据策略中,数据项在所有存储节点之间以固定数量的副本被随机分发。尽管 HDFS 中的多个数据副本增强了存储的可靠性,但由于存在数据本地化情况差、任务负载不均衡和巨大的数据分发解空间等问题,对全比较问题来说效率低下[4]。

下面将讨论使用 Hadoop 数据策略解决全比较问题的不足。

　　首先,HDFS 数据策略中数据本地化差。Hadoop 的 数据策略是为了在提高数据可靠性与低读写成本之间进行权衡而设计的。从这个设计角度来看,它没有考虑后续比较任务的数据需求。

　　例如,考虑一个有 6 个数据项和 4 个计算节点的场景。Hadoop 数据策略的一个可能的解决方案 I 如图 3.3 所示。从图 3.3 可以看出,尽管 6 个数据项中的每一个都有两个副本,但是没有包含某些比较任务(1,3)、(1,4)、(2,6)、(3,5)、(4,5)所需的所有数据的计算节点,这表明这些比较任务的数据本地化不好。在这种情况下,无法避免节点之间通过网络通信在执行比较任务时产生数据文件的调度。这将导致运行时存储成本的增加,也会影响全比较问题的整体计算性能。当计算规模变大时,这个问题变得更不理想。

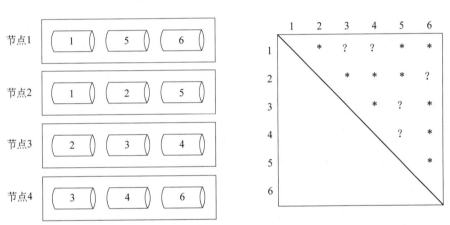

图 3.3　Hadoop 数据策略的一个可能的解决方案 I

　　其次,HDFS 数据策略导致的不平衡任务负载。要讨论 HDFS 数据策略导致的不平衡任务负载,可以考虑一个包含 4 个数据项和 3 个计算节点的场景。图 3.4 描述了可能的 Hadoop 数据分发解决方案,将 6 个比较任务分配给 3 个计算节点。HDFS 数据策略无法确保均衡的比较任务分配,如果需要实现任务的均衡分配,需要为 3 个计算节点中的每个节点分配 2 个比较任务。

　　再次,在 HDFS 中增加文件副本的效率低下。在 HDFS 数据策略中,用

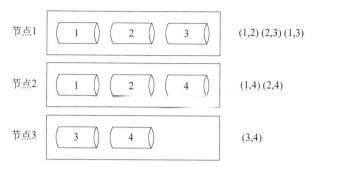

图 3.4　Hadoop 数据策略的一个可能的解决方案 Ⅱ

户能够手动设置数据副本的数量。但是没有关于如何设置这个数字的指导，因此用户倾向于使用默认的数字 3。一旦设置了这个数字，它就成为一个常数，与要使用的机器数量和要分发的数据文件数量无关。此外，数据文件副本的位置是随机确定的。这会导致数据文件的数据本地化差，并会使得分布式计算性能受到影响。我们曾认为，进一步增加数据副本数目可能会有所帮助。然而，正如稍后的实验所证明的，情况并非如此。除非将数据文件复制到全部节点，否则在 HDFS 中增加数据副本数目并不能显著提高数据本地化，但由于网络通信对运行时数据移动的需求增加，因此会导致显著的计算时间的增加。

图 3.5 为 6 个数据项和 8 个计算节点的 HDFS 解决方案。从图 3.5 中可以看出，即使数据文件副本的数量增加到 4，仍然存在较差的数据本地化和不平衡任务负载。如果运行时不采用远程调度数据文件的方式，则无法完成比较任务 (1,2)、(3,4)、(5,6)。因此数据文件必须在运行时被移动，以完成全比较问题的分布式计算。

最后，HDFS 数据分发的巨大解空间。将比较任务分配给计算节点的问题可以看作组合数学中的一个经典问题：将 M 个对象放入 N 个框中。这种成对数据分发问题具有以下特点。

（1）所有比较任务都是可区分的。对于全比较问题，每个比较任务都是

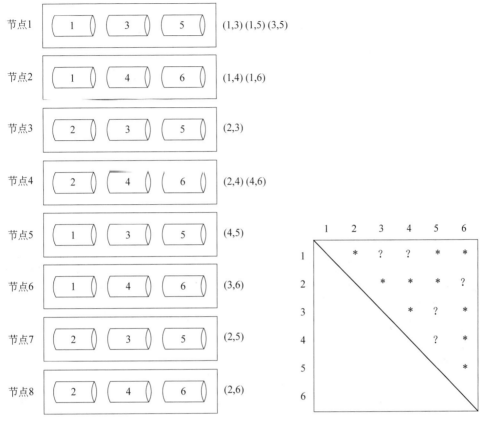

图 3.5 Hadoop 数据策略的一个可能的解决方案Ⅲ

不同的,并且处理不同的数据对。在分发相关数据集时应考虑此特性。

（2）在同构分布计算系统中,所有计算节点都是不可区分的。在本书中,假设计算节点具有相同的处理能力和存储空间,以至于让这些计算节点可以被视为不可区分。

考虑前面提到的数据本地化需求。分发数据对还意味着分配相关的比较任务。我们的目标是将 Q 个可区分的比较任务分配给 N 个不可区分的计算节点。在组合数学中,可行解的总数可以用斯特林数 $S_t = (Q, N)$ 表示[5]。第二类斯特林数表示将一组具有 Q 个可区分的元素划分到 N 个非空子集的方法总数。根据第二类斯特林数的基本性质,如果 Q 或 N 中的一个或两个

都为 0,则:

$$S_t\{0,0\}=1, \quad S_t\{Q,0\}=0, \quad S_t\{0,N\}=0$$

如果 $Q\geqslant 1$ 且 $N\geqslant 1$,则:

$$S_t(Q,N)=NS_t(Q-1,N)+S_t(Q-1,N\quad 1)$$

让我们考虑一下斯特林数的一些特殊情况。我们在之前的研究中讨论了 $N=2$ 的一个特殊情况[6]。对于 3 个计算节点($N=3$)的另一种特殊情况,则:

$$S_t(Q,3)=\frac{3^Q-3\times 2^Q+3}{6} \tag{3-1}$$

$S_t(Q,3)$ 解空间的增长趋势如图 3.6 所示。图 3.6 所示的趋势表明,在实际操作中,即使对于 3 个计算节点(即 $N=3$)的非常简单的情况,也无法访问太多可能的分发解决方案。这意味着,我们通常不可能评估所有可能的解决方案。因此,有必要开发数据分发的启发式解决方案,以便在合理的时间内找到最佳答案。

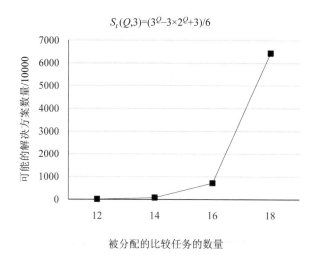

图 3.6　$S_t(Q,3)$ 解空间的增长趋势

3.2　文件分发算法设计

本节介绍数据分发策略的设计要求，从总体考虑和假设开始，然后是降低存储使用率和提高计算性能，最终讨论数据分发的特殊情况。

3.2.1　概述和假设

为了使用图 3.1 所示的工作流程来解决全比较问题，需要开发数据分发策略来指导所有数据文件的分配。在接下来的场景中，数据分发策略将首先生成数据分发的解决方案，然后根据提供的解决方案部署所有的数据文件。设计数据分发策略需要考虑以下几个方面。

（1）分布式系统的存储使用。对于大数据集的全比较问题，在所有计算节点之间分发数据集不仅要考虑每个节点在其容量内的存储空间使用情况，还要将用于数据分发的总时间限定在可接受的水平。

（2）比较计算的性能。对于分布式计算来说，分配比较任务以充分利用系统中所有可用的计算能力是很重要的。此外，对于具体的比较任务，执行任务所需的数据具有良好的数据本地化将有助于提高计算性能。因此，为了提高比较计算的性能，需要设计数据分发策略来分配数据项。

为设计同构分布计算系统下的数据分发策略，本章进行了以下假设：分布式系统中所有的计算节点具有相同的处理能力和存储能力；所有的数据文件大小相同；所有比较任务的执行时间相同。

这些假设不一定是现实的，主要是为了便于对本章中启发式数据分发策略的理解。因此，在保持数据分发策略的基本原则的基础上，可以放宽这些限制以实现更现实的开发。

下面分析前面提到的分布式系统的存储使用需求和比较计算的性能。

3.2.2　降低存储使用

许多因素造成了数据分发时间的增加，比如给定网络带宽、网络拓扑结构和数据项的大小。从上述假设出发，数据分发的总时间与要分发的数据项的数量成正比。数据分发总时间 T_{data} 可以表示为

$$T_{\text{data}} \propto \sum_{i=1}^{N}(\mid D_i \mid) \tag{3-2}$$

除此之外，如前所述，每个计算节点的存储空间使用必须在其限制范围内。根据假设，将所有的数据集均匀分布在分布式系统中，这是可以实现的。

因此，在存储使用方面，数据分发策略旨在达到两个目的：减少分布式系统中存储的数据文件总数；减少每个计算节点上存储的数据文件数量。

首先，我们考虑数据分发时间和存储限制。$\mid D_i \mid$ 表示分配给计算节点 i 的文件的数量，则数据分发策略期望最大限度地减少 $\mid D_1 \mid, \mid D_2 \mid, \cdots, \mid D_N \mid$ 的最大值，即

$$\text{Minimize max}\{\mid D_1 \mid, \mid D_2 \mid, \cdots, \mid D_N \mid\} \tag{3-3}$$

选择最小化计算节点中数据文件的最大数量有以下好处。该目标使所有计算节点具有相似数量的数据文件。在理想情况下，节点之间的数据文件数量的差异最多只有一个，这意味着分布式系统的数据存储使用平衡。考虑到可以执行的比较任务的数量与计算节点中存储的数据文件的数量成正比，此目标还使得所有计算节点承担相似数量的比较任务。

3.2.3　提高计算性能

在全比较问题的分布式计算中，执行计算任务的总计算时间由最后完成的计算节点决定。要完成每个比较任务，相应的计算节点必须访问和处理所需的数据项。

令 K、$T_{\text{comparion}(i)}$ 和 $T_{\text{accessdata}(i)}$ 分别表示分配给最后完成的计算节点的比较任务数、任务 i 的比较操作时间和访问任务 i 所需数据的时间。然后，全比

较问题的总已用计算时间 T_{task} 表示为

$$T_{\text{task}} = \sum_{i=1}^{K} (T_{\text{comparison}(i)} + T_{\text{accessdata}(i)}) \qquad (3\text{-}4)$$

由于假设所有比较任务具有相同的比较时间 C，因此计算时间 T_{task} 可以简化为

$$T_{\text{task}} = CK + \sum_{i=1}^{K} T_{\text{accessdata}(i)} \qquad (3\text{-}5)$$

从式(3-5)可以看出，我们的数据分发策略通过满足两个约束来最小化计算时间 T_{task}：计算节点上比较任务的负载均衡，以及所有成对比较任务的良好数据本地化。

对于负载均衡，分配给最后完成比较任务的计算节点，各个节点上的比较任务的最大数量 K 可以被最小化。让 T_i 表示计算节点 i 执行的成对比较任务的数量。对于包含 N 个计算节点和 M 个数据文件的分布式系统，需要为分布式系统中的计算节点分配 $M(M-1)/2$ 个比较任务的总数。

将 K 的值最小化可以表示为

$$\forall T_i \in \{T_1, T_2, \cdots, T_N\} \quad \left(T_i \leqslant \left\lceil \frac{M(M-1)}{2N} \right\rceil\right) \qquad (3\text{-}6)$$

其中$\lceil \cdot \rceil$是向上取整函数。

良好的数据本地化也可以用数学公式表示。如果比较任务所需的所有数据都存储在执行该任务的节点上，则该任务不需要通过网络通信远程访问数据。良好的数据本地化意味着 $T_{\text{accessdata}(i)}$ 的最小值，其最小可能值为 0。设 $C(x,y)$、T、T_i、D_i 分别表示：数据 x 和数据 y 的比较任务、所有比较任务的集合、计算节点 i 执行的比较任务集合、存储在计算节点 i 中的数据集合。所有比较任务的良好的数据本地化可以表示为

$$\forall C(x,y) \in T, \quad \exists i \in \{1,2,\cdots,N\} \quad (x \in D_i \bigcap y \in D_i \bigcap C(x,y) \in T_i)$$

$$\qquad (3\text{-}7)$$

换句话说，对于比较任务 $C(x,y)$ 必须至少有一个节点 i 能够仅使用本

地数据完成执行。

3.2.4 数据分发过程优化

如前所述,考虑到存储使用和计算性能,数据分发策略预计将满足式(3-3)中的目标要求,并满足式(3-6)和式(3-7)中的约束。满足式(3-3)中的目标要求,可以减少所有计算节点的存储使用,从而减少分发所有数据集所花费的时间(T_{data})。满足式(3-6)和式(3-7)中的约束意味着可以最小化总体比较时间 T_{task}。因此,有效地减少了数据分发和任务执行所需的总时间:

$$T_{\text{total}} = T_{\text{data}} + T_{\text{task}} \tag{3-8}$$

数据分发问题能够表示成一个约束优化问题:

Minimize $\max\{|D_1|, |D_2|, \cdots, |D_N|\}$

$$\text{s.t.} \begin{cases} \forall T_i \in \{T_1, T_2, \cdots, T_N\} & \left(T_i \leqslant \left\lceil \dfrac{M(M-1)}{2N} \right\rceil \right) \\ \forall C(x,y) \in T & (\exists i \in \{1,2,\cdots,N\}, x \in D_i \bigcap y \in D_i \bigcap C(x,y) \in T_i) \end{cases}$$

$$\tag{3-9}$$

如前所述,大量的数据组合和相关的比较任务使得上述数据分发优化问题在实际应用中难以解决。

3.2.5 理论结果

对 $\max\{|D_1|, |D_2|, \cdots, |D_N|\}$ 进行了理论分析,得到了一个下界 $d_{\max}$,并对数据可用性的系统可靠性项进行了深入的研究。这些理论结果归纳为两个定理。

定理 1:对式(3-9)中定义的约束优化问题,将 M 个数据文件分配到 N 个计算节点,一个解决方案是将 $\max\{|D_1|, |D_2|, \cdots, |D_N|\}$ 的下界 $d_{\max}$ 设置为

$$\max\{|D_1|, |D_2|, \cdots, |D_N|\} \geqslant \frac{1}{2}\left(1 + \frac{\sqrt{4M^2 - 4M + N}}{\sqrt{N}}\right) \overset{\text{def}}{=} d_{\max}$$

$$\tag{3-10}$$

在下一部分中,利用组合数学和图论的两种方法证明定理 1。

证明过程如下:对于 M 个数据文件,一个全比较问题中比较任务的总数为 $M(M-1)/2$。考虑以下极端情况:如果每个计算节点分配的比较任务不超过 $\lceil M(M-1)/(2N) \rceil$ (式(3-6)),则至少需要多少数据项才能完成所有比较? 由于每个比较任务需要两个不同的数据项,如式(3-7)所示,我们有以下关系:

$$\binom{\max\{|D_1|,|D_2|,\cdots,|D_N|\}}{2} = \left\lceil \frac{M(M-1)}{2N} \right\rceil \tag{3-11}$$

解方程得到式(3-10)中的结果。

完全图 $G=(V,E)$ 有 M 个顶点,共有 $M(M-1)/2$ 条边。考虑到一个特殊情况,图中所有边的权重被设置为 1,这意味着每个边 $e \in E$ 被一个且只有一个子图覆盖。因此,导出子图的最大阶数应该是理论最小值。

在这种情况下,具有最大阶的子图是具有 $\lceil M(M-1)/(2N) \rceil$ 条边的完全图。如果我们令 $v = \max\limits_{i=1,2,\cdots,N} |V_i|$ 表示此子图中的顶点数,$U = \lceil M(M-1)/(2N) \rceil$,基于顶点和边的关系,则有

$$\binom{v}{2} = \boldsymbol{U} \tag{3-12}$$

在解方程之后,可以得到

$$\max\limits_{i=1,2,\cdots,N} |V_i| \geqslant \frac{1}{2}\left(1 + \frac{\sqrt{4M^2-4M+N}}{\sqrt{N}}\right) \tag{3-13}$$

与式(3-10)的结果相同。

如果一个数据文件在分布式系统中只有一个副本,那么如果存储该数据文件的节点出现故障,它将无法从任何地方访问。在这种情况下,分布式计算系统对所有的比较任务是不可靠的。因此,对于每个数据文件,在不同的节点上存储至少有两个数据副本是必不可少的可靠性要求。以下定理表明,本章提出的数据分发方法保证了系统的可靠性要求。

定理 2：对于式(3-9)中定义的将 M 个数据文件分发到 N 个计算节点的约束优化问题，本章提出的分发策略给出了一个解决方案，该解决方案保证每个数据文件至少存储在两个不同节点上。

证明过程如下：如果存储在一个计算节点中的数据项不在另一个节点上重复，为了满足式(3-7)中的约束，所有其他数据项必须在同一个计算节点上存在副本，这意味着有一个计算节点存储了所有的数据项。此外，如果一个节点存储了所有的数据项，那么根据式(3-3)，其他节点都应该存储全部的数据项，这意味着全部数据都被分发到所有的节点，数据分发优化失效。因此，对于生成的任何优化结果，需要保证每个数据文件至少有两个存储在不同节点中的副本。

3.2.6 案例分析

本节将从一些案例开始分析数据分发问题的解决方案。此处使用数据 (M,N) 表示 M 个数据项和 N 个计算节点的数据分发问题。

为了分析以下情况，令 $D=\{d_i \mid i=1,2,\cdots,M\}$ 表示所有数据需要分配，$\max$ 表示在所有节点之间存储的最大数据数。

1. Data$(M,2)$

$$\max\{|D_1|,|D_2|\}=M \tag{3-14}$$

证明：考虑到如果计算节点 1 不存储数据项 d_i，那么与 d_i 相关的所有比较任务都必须由计算节点 2 执行，这意味着计算节点 2 应该存储数据项 d_i 和所有其他数据项。因此，计算节点 2 必须存储所有数据项。

2. Data$(M,3)$

$$\max\{|D_1|,|D_2|,|D_3|\} \geqslant \left\lceil \frac{2}{3}M \right\rceil \tag{3-15}$$

证明：假设所有计算节点存储的数据项少于 $\left\lceil \dfrac{2}{3}M \right\rceil$ 个。考虑其中的任意两个，例如计算节点 1 和 2 这两个节点的相同数据项数应为 $D_1 \bigcap D_2$。显然是 $D_1 \bigcap D_2 < \left\lceil \dfrac{1}{3}M \right\rceil$。在这种情况下，第三个计算节点必须执行 $D-D_1$ 和 $D-D_2$。我们可以看到 $\left| (D-D_1) \bigcup (D-D_2) \right| > \left\lceil \dfrac{2}{3}M \right\rceil$，这不符合我们的假设。因此，所有 3 个计算节点都应至少存储 $\left\lceil \dfrac{2}{3}M \right\rceil$ 个数据项。

3. Data$(M, M(M-1)/2)$

$$\max\{|D_1|, |D_2|, \cdots, |D_N|\} = 2 \tag{3-16}$$

证明：当计算节点的数量正好等于比较任务的数量时，很明显每个计算节点应该只分配两个不同的数据项。3.2.7 节提出一个启发式算法来解决数据分发问题的一般情况。

3.2.7　数据分发的启发式规则

得到式(3-9)中分发问题可行解的一种方法是满足式(3-6)和式(3-7)中的约束条件。从式(3-7)中的约束可以看出，如果我们能够确定特定比较任务 $C(x, y)$ 的位置，那么也可以确定所需数据 x 和 y 的位置。因此，我们以满足式(3-6)和式(3-7)中约束的方式将所有比较任务分配给计算节点。通过任务分配，得到了数据分发问题的可行解。

图 3.7 中比较矩阵的右栏表示在将新数据文件 d 分发到已经存储了 p 个数据

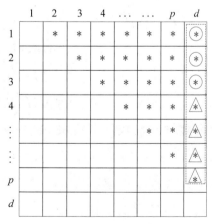

图 3.7　向节点 k 添加新文件

文件的节点时，可以分配给特定节点 k 的其他比较任务。因此，如果我们可以为每个新的数据文件 d 分配尽可能多的比较任务给节点 k，那么需要分发的数据文件的总数就可以最小化。

通过向节点 k 添加新数据 d 而引入的新的比较任务，以前从未分配过的任务（图 3.7 中用圆圈标记）和已经分配过的任务（图 3.7 中用三角形标记）。相关的数据分发规则如下。

规则 1：对于以前从未分配过的比较任务，在设计的数据分发策略中，通过遵循式（3-6）的约束，将尽可能多的比较任务分配给节点 k。

规则 2：对于已经分配的比较任务，可以设计数据分配策略，通过式（3-6）的约束重新分配每个任务。例如，如果比较任务 t 已经分配给节点 q，则该策略比较节点 k 和节点 q 之间分配的比较任务的数量。如果节点 k 的比较任务较少，则将任务 t 重新分配给节点 k，否则继续让节点 q 执行任务 t。

根据这些启发式规则，可以为实际的数据分发工作开发一个具有详细步骤的算法。

3.2.8　启发式数据分发策略的实现

上述启发式和任务驱动数据分发算法将在以下步骤中详细描述。

（1）查找所有未分配的成对比较任务。

（2）查找这些未分配的成对比较任务所需的所有数据文件。将这些数据文件放入集合 I，将集合 I 初始化为空。

（3）从集合 I 中，找到数据文件 d，在未分配的比较任务中数据文件 d 与最大数量的比较任务有关。

（4）选择一组存储节点，该组存储节点具有以下性质：①这些节点没有被分发数据文件 d；②这组节点被分配了最少数量的成对比较任务；③这组节点存储的数据文件最少。

令 C 表示这组存储节点。

（5）为集合 C 中的所有节点检查 3.2.7 节中的规则 1。如果没有一个节点满足式（3-6）中的约束，则从集合 I 中删除数据文件 d 并返回步骤（3）。

（6）在集合 C 中找到一个节点 k，该节点为空或者能够被分配给通过添加数据文件 d 而引入的且以前没有分配过的最大数量的新比较任务。将数据文件 d 分发到此节点 k。

（7）对于在步骤（6）中通过添加数据文件 d 而引入的但以前已经分配给其他节点的比较任务，使用 3.2.7 节中的规则 2 重新分配这些任务。

（8）重复步骤（1）～（7），直到将所有成对比较任务分配给计算节点。

这种启发式数据分发算法有助于解决式（3-9）中的最小化问题。让每一个比较任务的分配工作分配尽可能少的数据项，会减少要分发的数据项的总数。在所有计算节点之间均匀分布数据有助于满足每个节点的存储限制。如果所有节点具有相同或相似数量的比较任务，则很容易满足式（3-6）中作为优化式（3-9）约束的负载均衡要求。

3.2.9　启发式数据分发策略分析

为了对启发式数据分发策略进行分析，考虑一个包含 6 个数据文件（文件编号：0，1，2，3，4，5）和 4 个计算节点（节点编号：A，B，C，D）的示例。我们的数据分发算法给出了如表 3.1 所示的解决方案。

表 3.1　数据分发案例 1

节点编号	分发的数据文件编号	给相应节点分配的任务
A	0，2，3，4	（0，3）（0，4）（2，4）（3，4）
B	0，1，4，5	（0，1）（1，4）（1，5）（4，5）
C	0，2，3，5	（0，2）（0，5）（2，5）（3，5）
D	1，2，3	（1，2）（1，3）（2，3）

数据分发算法不仅将数据文件分配给计算节点，还将与数据文件分配相

对应的比较任务进行分配。因此,每个计算节点都被分配了数据文件和比较任务。

对于数据文件分配,每个计算节点存储整个数据集的一部分。与将全量分发相比,我们的数据分发算法减少了每个节点存储的数据量。在这里考虑的特定示例中,每个计算节点存储的数据项不超过 4 个。

对于比较任务分配,将为每个计算节点分配在数量上近似的比较任务,从而平衡比较任务的数量。这满足了分布式系统中所有计算节点之间的负载均衡要求。在这里考虑的这个特定示例中,6 个数据文件将生成总共 15 个比较任务,需要分配给 4 个计算节点执行。有 3 个节点被分配了 4 个任务,1 个节点被分配了 3 个任务,这表明任务分配基本平衡。

同时分发数据文件和分配比较任务也保证了比较任务所需的数据具有良好的数据本地化。表 3.1 清楚地展示了我们所讨论的这个具体例子。在执行比较任务期间,不需要通过网络通信将运行时数据从一个节点移动到另一个节点,启发式的数据分发策略消除了数据请求时的任何运行时的网络通信成本,这种优势在基于 Hadoop 的数据分发策略的系统中是必然存在的。

3.3　实验设计与实验结果分析

本节介绍的实验证明了我们的数据分发策略的有效性。它包括在一个真实的分布式计算系统中的仿真研究和实验。本节制定了评估标准,并根据这些标准评估我们的数据分发策略的性能。

3.3.1　评价标准和实验设计

使用 3 个标准来评估我们的数据分发策略:存储节约率、任务执行性能和可扩展性。

提高存储节约率是数据分发策略的目标之一。我们通过一组不同存储节点数的实验对其进行测量,并与 Hadoop 的数据分发策略的结果进行比较。

数据本地化反映了数据分发的质量,是衡量计算性能的重要指标。如 3.1 节和式(3-9)所述,具有良好数据本地化的全比较任务意味着它可以在本地访问所有必需的数据对。考虑到比较任务是基于数据文件分发情况来分配的,因此在数据分发之后可以测量数据本地化好的比较任务的数量。为了突显我们的数据分发策略和 Hadoop 数据分发策略之间的不同数据本地化情况,实验测试了不同数量的计算节点和 Hadoop 数据文件副本。

任务执行性能的衡量指标是完成全比较问题的总执行时间,我们的目标是根据存储使用情况和其他限制对执行性能进行改进。如 3.2 节所述,总执行时间(T_{total})包括数据分发时间(T_{data})和处理比较任务时间(T_{task})。所有这些时间度量都是通过在真实的分布式系统中计算全比较问题实现的。最后,对我们的数据分发策略和 Hadoop 数据分发策略的这些性能指标进行了比较。

可扩展性对于大规模分布式计算中的大数据集比较问题具有重要意义。在相同的实验环境中,通过改变计算节点上的处理器数量来研究各种场景,展示了我们分布式计算框架的可扩展性。使用我们的数据分发策略分配所有数据和相关的比较任务能充分说明我们的数据分发策略的可伸缩性。

3.3.2　存储节约率

假设在这样一种情况下,有 256 个数据文件和一组计算节点,节点数量为 1～64 个。结合式(3-9)中的数据分发优化问题,使用分发到计算节点的数据项的最大值来表征数据分发策略中的存储使用情况。

第一组实验将启发式数据分发策略与 Hadoop 数据分发策略进行了比较,Hadoop 中的数据重复次数设置为默认值 3。实验结果见表 3.2,显示了启发式数据分发策略和 Hadoop 数据分发策略的存储使用、存储节约和数据本地化。根据现有的方法,将所有数据文件分发到每个节点所需的存储空间来计算存储节约率。

表 3.2　启发式数据分发策略和 Hadoop 数据分发策略存储节约和数据本地化比较

节点数	N	4	8	16	32	64
$\max\{\lvert D_1\rvert,\lvert D_2\rvert,\cdots,\lvert D_N\rvert\}$	d_{max}（定理 1）	129	91	65	46	33
	启发式数据分发策略	192	152	117	85	59
	Hadoop(3)	192	96	48	24	12
存储节约率/%	启发式数据分发策略	25	41	54	67	77
	Hadoop(3)	25	63	81	91	95
数据本地化率/%	启发式数据分发策略	100	100	100	100	100
	Hadoop(3)	56	48	28	14	7

　　与将所有数据分发到全部节点的数据分发策略相比,从表 3.2 可以看出,启发式数据分发策略和 Hadoop 数据分发策略都为大规模的全比较问题节省了大量的存储空间,Hadoop 数据分发策略比启发式数据分发策略节省了更多的空间。这意味着其需要更少的数据分发时间,特别是当存储节点的数量变得很大时。例如,对于一个有 64 个计算节点的分布式系统,启发式数据分发策略节省的存储空间高达 77%,而 Hadoop 数据分发策略节省的存储空间却高达 95%。

　　尽管启发式数据分发策略节省了较少的存储空间,但对于所有计算任务,启发式数据分发策略都实现了 100% 的数据本地化,见表 3.2。相比之下,Hadoop 数据分发策略虽然节省了更多的存储空间,但是牺牲了数据的本地化率。例如,对于一个有 64 个数据节点的分布式系统,Hadoop 数据分发的数据本地化低至 7%,而启发式数据分发策略的数据本地化为 100%。良好的数据本地化对于大规模的全比较问题尤为重要。它将在执行比较任务时减少计算节点之间的数据文件调度,避免网络拥堵。因此,它将有利于全比较问题的整体计算性能提升。

有人可能会说,手动增加数据副本的数量可以解决 Hadoop 数据分发策略中的数据本地化问题。然而,在给定的分布式环境中,对于如何为全比较问题设置此数字没有指导原则。此外,一旦设置,这个数目在部署的环境中变得恒定,从而导致对所有其他全比较问题缺乏广泛的适应性。即使每次都可以手动调整这个数字,也不能从根本上解决数据本地化问题。相比之下,启发式数据分发策略自动确定具有 100% 数据本地化的数据副本数。

为了证明手动增加 Hadoop 存储文件时的副本数不能完全解决数据本地化的问题,我们进行了第二组实验,在该实验中,我们手动调整 Hadoop 数据分发策略的数据副本数量,使其在节点上提供与启发式数据分发策略类似的最大数量的数据文件。因此,对于分别具有 8、16、32、64 个数据节点的分布式系统,通过这些手动设置,数据文件被复制 6、9、12、15 次,见表 3.3。表 3.3 中的实验结果表明,启发式数据分发策略比 Hadoop 数据分发策略具有更高的存储节约率。与启发式数据扩展相比,增加 Hadoop 的数据副本数,仍然表现出非常差的数据本地化情况。例如,对于 64 个数据节点,Hadoop 数据分发策略只实现了 26% 的数据本地化,而启发式数据分发策略本地化却有 100%。

表 3.3　启发式数据分发策略与 Hadoop 数据分发策略对比

节　点　数	N	4	8	16	32	64
Hadoop(x)中的 x		3	6	9	12	15
$\max\{|D_1|,|D_2|,\cdots,|D_N|\}$	d_{max}(Thm.1)	129	91	65	46	33
	本研究	192	152	117	85	59
	Hadoop(x)	192	192	144	96	60
存储节约率/%	本研究	25	41	54	67	77
	Hadoop(x)	25	25	44	64	77
数据本地化率/%	本研究	100	100	100	100	100
	Hadoop(x)	56	52	38	20	26

3.3.3　任务执行性能

总执行时间(T_{total})用于测量处理全比较问题的执行性能。如前所述,总执行时间包括数据分发时间和比较任务的计算时间。所有这些时间度量都在上述实验中进行了评估,并与基于 Hadoop 的数据分发和分布式计算的时间度量进行了比较。实验设置如下。

1. 分布式计算系统

搭建一个具有9台服务器的同构 Linux 集群,所有服务器都运行 64 位 Redhat Enterprise Linux。在 5 台服务器中,1 个节点充当主节点,其余 8 个是计算节点。9 个节点都使用 Intel(R)Xeon E5-2609 和 64GB 内存。

2. 实验应用

作为生物信息学中一个典型的全比较问题[7],我们选择了 CVTree 问题进行实验。有学者在单计算机平台上进行了 CVTree 问题的计算问题的研究[8-9]。我们将在分布式计算环境中对其进行进一步的研究。我们在实验中构建了分布式环境下的数据分发程序,并为实验开发了 CVTree 程序。

3. 实验数据

选择美国国家生物技术信息中心(NCBI)[10]的一组 dsDNA 文件作为输入数据。实验中每个数据文件的大小约为 150MB,总共使用 20GB 以上的数据。

4. 实验案例

为了证明任意增加数据副本的数量在实现全比较问题的高计算性能方面是低效的,实验使用具有不同数据副本数量的 Hadoop 数据分发策略与我们的方法进行比较。表 3.4 表明，当每个数据有 4 个副本用于 Hadoop 的数据分发（Hadoop(4)）时，相比于启发式数据分发策略，Hadoop 数据分发策略会将更多的数据文件分发给每个计算节点。

表 3.4　CVTree 问题的数据分发情况

M		$\max\{|D_1|,|D_2|,\cdots,|D_8|\}$		
	$d_{\max}$	启发式数据分发策略	Hadoop(3)	Hadoop(4)
93	34	53	35	59
109	39	63	41	69
124	45	71	47	78

通过考虑分布式计算和数据分发的执行时间，对于给定的 3 种不同大小的数据集的全比较问题，分别测量了数据分发时间（T_{data}）和计算时间（T_{task}）。将这两个时间度量值相加，可以得到全比较问题的总执行时间。

Hadoop 的 MapReduce 计算框架不适合直接支持全比较问题的计算模式。因此，在我们的实验中，在评估基于 Hadoop 的分布式计算的执行时间性能时，将与 Hadoop 数据分发策略的效果做对比。

图 3.8 展示了 3 种不同数据分发策略在不同 M 值下的总执行时间 T_{total}，策略包括我们开发的启发式数据分发策略、Hadoop 在 3 个副本情况下的数据分发策略和 Hadoop 在 4 个副本情况下的数据分发策略。对于每个总执行时间 T_{total} 的条形图，上部表示 T_{data}，上部显示 T_{task}。

从图 3.8 中可以清楚地看到，启发式数据分发策略比 Hadoop 数据分发策略具有更好的执行性能。这也证实了对于 Hadoop 数据分发策略来说，仅仅将数据副本的数量从 3 个增加到 4 个并不能提高总体执行时间性能。这是由于 Hadoop 数据分发策略的数据本地化差造成的，因此需要在运行时移动大量数据。

为了证明启发式数据分发策略具有良好的负载均衡，图 3.9 描述了在不

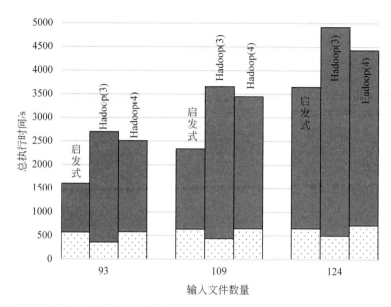

图 3.8　启发式数据分发策略和 Hadoop 数据分发策略时间性能比较

同 M 值下 8 个计算节点中每一个的 T_{task} 性能度量。从图中可以看出，对于相同的 M 值，每个计算节点的 T_{task} 非常相似，并且完全符合式(3-6)中的负载均衡要求。每个节点上的比较任务都使用本地数据，而不需要通过网络通信在节点之间获取数据。

3.3.4　可扩展性

可扩展性是指一个系统、网络或进程以一种增加节点的方式处理不断增长的工作量的能力。为了支持用大数据集处理全比较问题，可扩展性是我们数据分发策略的一项重要能力。在接下来的实验中，使用加速比对其进行了评估。

令 $\text{time}(n,x)$ 表示 n 处理器系统执行程序以解决 x 大小的问题所需的时间。然后，$\text{time}(1,x)$ 是程序执行所需的时间。加速比 $\text{Speedup}(n,x)$ 测量如下：

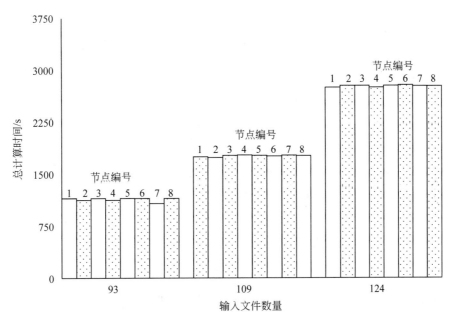

图 3.9　T_{task} 在不同 M 值下每个计算节点的数据分发策略的任务性能

$$\text{Speedup}(n, x) = \frac{\text{time}(1, x)}{\text{time}(n, x)} \qquad (3\text{-}17)$$

一般来说,如果不考虑通信开销、负载不平衡和额外计算[11],系统可以随着处理器数量的增加而实现线性加速。如图 3.10 所示,对于实验中的 8 个计算节点,图中的虚线可以被视为理想的加速比。

图 3.10 还展示了启发式数据分发策略实现的实际加速。结果表明,随着处理器数量的增加,启发式数据分发策略表现为线性加速。这意味着整个分布式计算具有良好的可扩展性。尽管所有的比较问题在网络通信、额外的存储器需求和磁盘访问中都不可避免地产生代价,但是启发式数据分发策略可以达到理想线性加速性能的 89.5%。

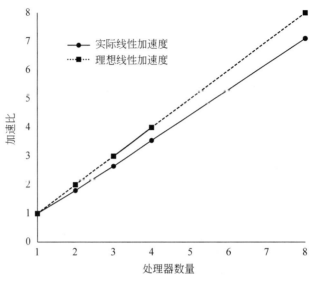

图 3.10　启发式数据分发策略的加速比

3.4　模型优化与改进

为了解决全比较问题的数据分发问题,我们提出了基于贪婪思想的数据分发策略。虽然实验表明启发式解具有较高的计算性能,但贪婪思想在求解优化问题时仍然存在一些局限性。因此,在本节中,我们提出一个元启发式数据分发策略来解决同构分布计算系统中的数据分发问题;从不同角度出发,进一步探讨数据分发工作面临的挑战;在设计了基于模拟退火(SA)的元启发式数据分发策略后,与 Hadoop 数据分发策略和启发式数据分发策略进行比较,实验表明该策略的性能得到了提高;最后还展示了启发式数据分发策略的可扩展性。

3.4.1　模型优化改进

全比较问题是数据集的特定笛卡儿积。假设 A、A_i、$C(A_i, A_j)$、$M[i, j]$

分别表示：输入数据项的集合、集合 A 中的单个数据项、数据项 A_i 和 A_j 之间的比较函数，输出的相似矩阵元素。全比较问题的本质用数学公式描述如下：

$$M[i,j] = C(A_i, A_j) \quad (i,j = 1,2,\cdots,|A|) \tag{3-18}$$

对于全比较问题的分布式处理，数据集 A 和所有比较任务 $C(A_i, A_j)$ 都需要分配到不同的计算节点。虽然之前已经开发了数据分发的策略，但仍然存在性能问题。

1. 任务平衡导致数据存储问题

比较任务通常按行或列分配[3,12]。虽然考虑了负载均衡，但未优化的数据分发会导致严重的数据不平衡和高存储使用率。以 6 个数据项和 3 个节点为例，图 3.11 中的结果表明，尽管 3 个节点中的每个节点都被分配了 5 个不同的比较任务，但数据文件存储节约率低下。节点 1 必须存储所有数据项的副本，在进行数据密集型计算时应避免这种情况。此外，3 个计算节点分别有 6 个数据项、5 个数据项和 4 个数据项，这意味着系统中的数据不平衡。

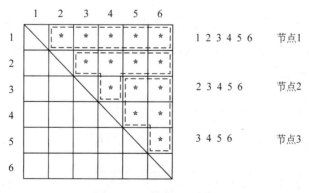

图 3.11　数据不平衡

2. 存储节约导致任务问题

当使用基于 Hadoop 的解决方案来解决全比较问题时,每个数据项将随机分布到具有固定数量复制的计算节点。虽然由于复制而实现了高的数据可靠性,但由于缺乏考虑比较任务分配,任务执行性能较差是不可避免的。以 6 个数据项和 4 个计算节点为例,在图 3.12 中,为了保证可靠性,每个数据项在 3 个不同的节点上有 3 个副本,每个节点存储 50% 的数据。但是,9 个比较任务没有本地数据,需要在运行时进行大量数据移动才能完成比较任务,因此总体性能较差。

图 3.12　比较任务的数据本地化差

考虑到解决全比较问题所涉及的挑战,下面提出了一种数据分发策略,以满足以下要求:系统具有良好的静态负载均衡(负载均衡);所有比较任务在执行时,本地都具有所需的数据(数据本地化);最小化所有节点间的最大数据量(存储节约)。

3.4.2　算法设计

首先讨论解决优化问题的两种技术:贪婪思想和模拟退火。

1. 贪婪思想

贪婪算法是一种一次构造一个对象 X 的算法,在每一步选择一个局部最优的选项。贪婪算法通常有以下优点：贪婪算法通常比其他算法更容易描述和编码；贪婪算法通常可以比其他算法能够更有效地实现。

然而，由于不允许向下移动，贪婪思想总是被困在局部极大值中。

2. 模拟退火

与贪婪思想相比，模拟退火（SA）是从结晶的物理过程中衍生出来的一种概率优化技术[13]。它允许向下移动，以逃避局部极大值。退火过程模拟了冶金的过程，即金属被加热到非常高的温度，然后逐渐冷却，使其结构冻结在最小的能量的位置。

模拟退火算法从随机选择的初始解出发，通过降低控制参数（即温度）生成一系列马尔可夫链。在这些马尔可夫链中，通过对解作一个小的随机扰动来选择一个新的解，如果新的解更好，则保持新的解；如果新的解更差，则用当前解与前一解之差相关的某种概率，来调整当前温度和接受新解。每个马尔可夫链都与给定的温度相关联，它可以描述为一个热平衡过程或内环。根据解的迭代，找到了一个最优解[14]。

虽然对这些思想的理论研究和实验研究都做了很多努力，但由于算法的有效性总是与具体的优化问题有着密切的关系，因而很难说哪种方法比其他方法更可取。因此，我们将开发一个基于模拟退火思想的算法来解决全比较计算中的数据分发和任务调度问题。

要使用模拟退火方法，必须确定：退火模块和验收概率模块；生成初始解、邻域选择方法和适应度方程。

3. 退火模块和验收概率模块

退火模块的参数设置对最终结果有显著影响[14]。由于柯西调度法[15]是作为最快的降温方法之一，我们将使用其作为我们算法中的降温方法。优化算法中使用的参数见表 3.5。

表 3.5　模拟退火模块参数设置

参数名称	值
退温函数	$t_k = T_0/k$
开始温度/℃	1.0
结束温度/℃	10^{-5}
马尔可夫链长度	100
概率接受函数	$P(\Delta E) = \exp(-\Delta E/t)$

（1）初始解。对于 M 个数据项的全比较问题,拥有 $M(M-1)/2$ 个比较任务。因此,对于具有 N 个节点的同构系统,可以通过随机、均匀地分配所有比较任务和相关数据项来生成初始解。假设 M、N、D_i、T_i、U 分别表示要处理的数据文件数、系统中的节点数、存储在节点 i 上的数据文件集、分配给节点 i 的比较任务集和尚未调度的任务集。初始解生成如下:

① 从集合 U 中提取比较任务并将其分配给节点 $i \in \{1,2,\cdots,N\}$,直到全部任务分配完毕。

② 根据每个任务集 T_i,将所有相关数据文件分发到数据集 D_i。

解 $S = \{(T_1, D_1), (T_2, D_2), \cdots, (T_N, D_N)\}$ 是一个可行的解,它同时满足初始要求。

（2）邻域选择法。在初始解的设计之后,可以通过以下步骤从解 S 生成新的邻域解 S_0:①随机选择两个节点 i 和 j;②随机抽取 $t_k \in T_i$ 和 $t_l \in T_j$,将两个比较任务进行互换;③更新数据集 D_i 和 D_j 中的相关数据文件。

考虑到同构系统中的所有节点都是不可区分的,该方法保证了每一个新的解都有能力求解全比较任务的数据分配问题,并且所有可能的解都可以从理论上得到。

（3）适应度方程。考虑到本节开头提到的要求,解决方案 S 的适应度方程 $F(S)$ 定义为分配给每个计算节点的数据文件数的集合:

$$F(S) = \{\mid D_1 \mid, \mid D_2 \mid, \cdots, \mid D_N \mid\} \tag{3-19}$$

两个不同的可行解 S 和 S' 之间的差 ΔF 计算如下。首先，$F(S)$ 和 $F(S')$ 中的元素按降序排序。然后，ΔF 为

$$\Delta F = F(S) - F(S') = \{(\mid D_1 \mid - \mid D_1' \mid), (\mid D_2 \mid - \mid D_2' \mid), \cdots,$$
$$(\mid D_N \mid - \mid D_N' \mid)\} \tag{3-20}$$

最后，成本变化 Δf 的值定义为

$$\Delta f = \begin{cases} \text{式}(3\text{-}20) \text{ 中第一个不为 0 的元素}, & \text{如果 } \Delta F \text{ 存在}, \\ 0, & \text{否则} \end{cases} \tag{3-21}$$

该方法保证了 $F(S)$ 中具有最小值的解 S 总是被模拟退火算法所接受。此外，与仅比较 $F(S)$ 和 $F(S')$ 中的最大值不同，该方法利用来自其他元素的更多信息。因此，模拟退火算法在寻找更好的解方面具有更高的效率。

4. 数据分发算法

综合以上设计，提出了一种基于模拟退火的数据分发算法。数据分发算法描述见表 3.6。

表 3.6 数据分发算法描述

数据分发算法
初始化：
1. 使用初始解生成方法随机生成初始可行解 S。
2. 基于表 3.5 设置模拟退火算法所需参数。
3. 将当前温度 t 设置为开始温度。
分发：
4. while 当前温度 t 高于停止温度 do
5. while 迭代步长在马尔可夫链长度之内 do
6.   使用邻域选择方法从 S 中生成一个新的可行解 S_0。
7.   使用式(3-21)计算适应度值 Δf。
8.   (ΔF 和 Δf 都基于适应度方程 F 产生)。
9.   if $\exp(\Delta f / t) > \text{random}[0.1]$ then
10.   接受新解：$S \leftarrow S_0$。

11.　　end if

12. 马尔可夫迭代步长加 1。

13. end while

14.　　　根据表 3.5 中的退温函数降低当前温度。

15. end while

16. 返回最终可行解 S。

3.4.3　优化模型算法实验与结果分析

通过实验来评估算法的存储节约、任务分配、数据可伸缩性和计算性能等。

1. 存储节约、任务分配和数据可伸缩性

以 4 个节点 8 个数据项为例,对我们的数据分发策略的有效性进行说明。结果汇总见表 3.7。

表 3.7　将 8 个数据文件分发到 4 个计算节点

节点编号	文件编号	分配的比较任务
A	0,2,3,6,7	(0,2) (0,3) (0,6) (0,7) (2,3) (2,6) (2,7)
B	1,3,5,6,7	(1,3) (1,5) (1,6) (1,7) (3,7) (5,7) (6,7)
C	0,1,2,4,5	(0,1) (0,4) (0,5) (1,2) (1,4) (2,4) (2,5)
D	3,4,5,6,7	(3,4) (3,5) (3,6) (4,5) (4,6) (4,7) (5,6)

从这些结果可以看出,数据平衡和静态负载均衡已实现。每个计算节点仅存储 5 个数据项,每个节点分配 7 个完全具有数据本地化性质的比较任务。

随着数据项和节点数量的增加,如表 3.8 所示,与 Hadoop 数据分发策略

（每个数据项使用 3 个副本）相比，模拟退火算法启发式数据分发策略在存储节约、负载均衡和数据本地化方面均取得了良好的效果。在我们的解决方案中，每个节点都有相同数量的具有良好数据本地化的比较任务。虽然 Hadoop 数据分发策略总体上使用较少的存储空间，但其比较任务的数据本地化情况较差，执行比较任务时的性能问题是不可避免的。图 3.13 展示了我们的优化算法仍然具有良好的数据可伸缩性，并且远远优于将所有数据项复制到每个节点上的全比较问题的数据分发解决方案。

表 3.8　模拟退火算法启发式数据分发策略相对于 Hadoop 数据分发策略的存储节约情况

节点数量	节点中最多的文件数量		存储节省率/%		每个节点上的任务数量
	优化算法	Hadoop	优化算法	Hadoop	优化算法
8	150	96	41	63	4080
16	116	48	55	81	2040
32	83	24	68	91	1020
64	56	12	78	95	510

2．计算性能

下面进行生物信息学中的全比较应用的实验。实验环境设置如下。

（1）一个具有 5 台机器的同构服务器集群，各个节点均运行 Redhat Linux。一个作为主节点，所有节点都有一个处理器和 64GB 的 RAM。

（2）问题选取：CVTree 问题是生物信息学中典型的全比较问题[7]。

（3）数据选取：从美国国家生物技术信息中心（NCBI）下载的 DsDNA 数据文件。

图 3.14 展示了基于模拟退火的数据分发策略和基于 Hadoop 的数据分发策略之间的不同计算时间。通过考虑 3.4.2 节总结的 3 个需求，基于模拟退火的数据分发策略比基于 Hadoop 的数据分发策略获得了更好的计算性

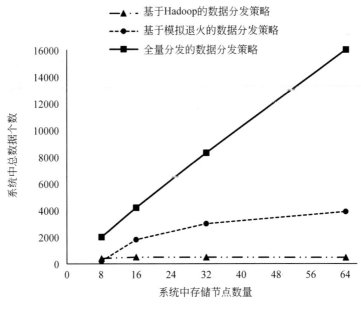

图 3.13　数据可伸缩性

能。正如 3.4.1 节所讨论的,这是因为基于 Hadoop 的数据分发策略在计算期间需要在节点之间请求大量的数据文件。

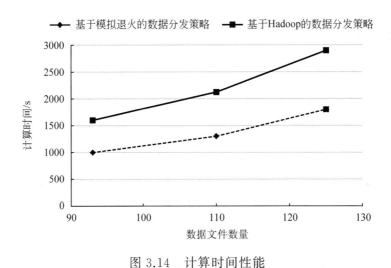

图 3.14　计算时间性能

3. 数据可伸缩性

为了评估模拟退火算法启发式数据分发策略的可伸缩性,我们选择了 UCI 机器学习存储库中的两个不同的数据集,并使用我们的解决方案对不同数量的计算节点进行处理。数据集的详细信息见表 3.9。

表 3.9　实验案例

全比较应用	数　据　集	
	PubMed 摘要	综合数据
NMF 应用	9.5GB	62GB

图 3.15 的两部分说明了处理两个不同的数据集 PubMed 摘要和综合数据所需的计算时间。如图所示,随着计算节点数量的增加,计算时间逐渐减少,这表明我们的编程模型支持大规模全比较问题,且具有良好的数据可伸缩性。

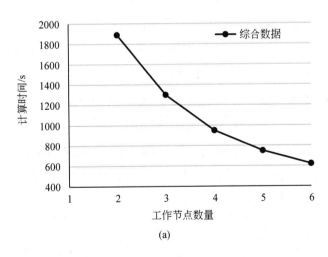

(a)

图 3.15　基于模拟退火算法的数据分发策略的数据可伸缩性

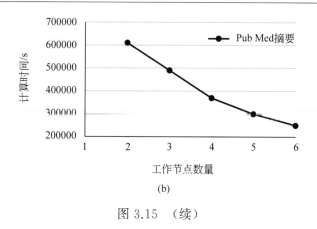

(b)

图 3.15 （续）

3.5 本章小结

为了解决大规模大数据比较问题的分布式计算，本章提出了一种可扩展的高效数据分发策略，在比较任务分配的驱动下，在保持同构分布式系统中所有比较任务的负载均衡和良好的数据本地化的同时，最小化和平衡分布式计算节点中的存储使用。在数据分发策略的基础上，本章提出了一种静态任务调度策略，用于分配具有良好数据本地化和系统负载均衡的比较任务。不同的实验证明了我们的策略在解决全比较问题上的高性能和可扩展性。

在模型优化和改进时，我们提出了一种基于模拟退火的可扩展高效数据分发策略，用于均匀分布系统中全比较问题的分布式计算。它的设计目的是尽可能少地使用存储空间，同时仍然实现系统负载均衡和良好的数据本地化。实验表明，尽管我们的方法比 Hadoop 的方法使用更多的总存储空间，但是其可以大大减少计算时间。

参考文献

[1] LOPES H S，MORITZ G L. A distributed approach for a multiple sequence alignment algorithm using a parallel virtual machine[C]//2005 IEEE Engineering

in Medicine and Biology 27th Annual Conference. IEEE，2006：2843-2846.

[2]　MENDONCA F M，DE MELO A C M A. Biological sequence comparison on hybrid platforms with dynamic workload adjustment［C］//2013 IEEE International Symposium on Parallel & Distributed Processing，Workshops and Phd Forum. IEEE，2013：501-509.

[3]　MORETTI C，BUI H，HOLLINGSWORTH K，et al. All-pairs：An abstraction for data-intensive computing on campus grids[J]. IEEE Transactions on Parallel and Distributed Systems，2009，21(1)：33-46.

[4]　QIU X，EKANAYAKE J，BEASON S，et al. Cloud technologies for bioinformatics applications[C]//Proceedings of the 2nd Workshop on Many-Task Computing on Grids and Supercomputers，2009：1-10.

[5]　GOULD H W. The q-Stirling numbers of first and second kinds［J］. Duke Mathematical Journal，1961，28(2)：281-289.

[6]　ZHANG Y F，TIAN Y C，KELLY W，et al. A distributed computing framework for all-to-all comparison problems[C]//IECON 2014-40th Annual Conference of the IEEE Industrial Electronics Society. IEEE，2014：2499-2505.

[7]　HAO B，QI J，WANG B. Prokaryotic phylogeny based on complete genomes without sequence alignment[J]. Modern Physics Letters B，2008，17(3)：91-94.

[8]　KRISHNAJITH A P D，KELLY W，HAYWARD R，et al. Managing memory and reducing I/O cost for correlation matrix calculation in bioinformatics［C］// 2013 IEEE Symposium on Computational Intelligence in Bioinformatics and Computational Biology (CIBCB). IEEE，2013：36-43.

[9]　TIAN Y C，KELLY W，KRISHNAJITH A. Optimizing I/O cost and managing memory for composition vector method based on correlation matrix calculation in bioinformatics[J]. Current Bioinformatics，2014，9(3)：234-245.

[10]　NCBI (1988). national center for biotechnology information. http：//www.ncbi. nlm.nih.gov/. accessed：3july2014.

[11]　LI K，PAN Y，SHEN H，et al. A study of average-case speedup and scalability of parallel computations on static networks［J］. Mathematical and Computer

Modelling，1999，29(9)：83-94.

[12] PEDERSEN E，RAKNES I A，ERNSTSEN M，et al. Integrating data-intensive computing systems with biological data analysis frameworks[C]//2015 23rd Euromicro International Conference on Parallel，Distributed，and Network-Based Processing. IEEE，2015：733-740.

[13] KIRKPATRICK S，GELATT C D，VECCHI M P. Optimization by simulated annealing[J]. Science，1983，220：671-680.

[14] WU W，LI L，YAO X Improved simulated annealing algorithm for task allocation in real-time distributed systems [C]//2014 IEEE International Conference on Signal Processing，Communications and Computing (ICSPCC). IEEE，2014：50-54.

[15] KEIKHA M M. Improved simulated annealing using momentum terms[C]// 2011 Second International Conference on Intelligent Systems，Modelling and Simulation. IEEE，2011：44-48.

第 4 章　基于粒子群优化的全比较计算数据分发策略

4.1　引言

全比较计算[1]是一种典型的计算模式,用于解决两两数据文件相关联的一类计算。全比较计算作为一类特殊的计算模式在众多学科领域中频繁出现,如生物信息学[2-5]、生物测定学[6-8]、传统机器学习领域[9]、自然语言处理领域[10]、交通大数据领域[11]。

国内外学者针对全比较计算一直在开展研究,全比较计算是研究的热点之一。在国外,有学者曾将全比较任务所需的全部数据在分布式集群中的各个计算节点均复制一份[12]。这种分发方式适用于小数据量的情况,在面对海量数据时将造成严重的网络拥堵与存储空间的浪费。有人曾使用 Hadoop 的分布式存储文件系统(Hadoop Distributed File System , HDFS)来存储执行全比较任务所需的数据[13]。HDFS 采用分布式的副本存储方案,即默认采用副本数为 3 的存储方案。这种数据存储方式,虽然能够节约存储空间,但无法保证在执行比较任务时数据的完全本地化。Chaudhary 等在分析生物序列时搭建了一个异构计算平台。为了实现整个系统的负载均衡,他们根据节点的硬件配置来分配任务。在数据分配方面,他们将数据库进行分割,然后将其分发到各个节点上。尽管使用异构计算平台进行计算,但仍然无法避免从集群中的其他节点上请求数据[14]。对于通用的全比较数据分发方案,有学者[1]提出了使用启发式的方案来进行全比较计算的数据分发与任务调度。该方法使用枚举的方式来获取最优的数据分发方案,当遇到大数据集时,该方法将成为一个 NP 难(NP-Hard)问题。在这个研究的基础上,该学者[15]又提出了使用模拟退火算法的思想构造元启发式的数据分发算法,该算法能够有效地降低分布式系统中存储空间的使用。

在国内,有学者[16]提出了使用图覆盖的方式来进行全比较任务的数据分配,并基于图覆盖理论提出了 DAABGC 算法。DAABGC 算法在文件个数与节点个数相同的条件下能够得到较好的数据分发方案,但不适用于数据文件个数与节点个数不同的场景。我们之前的全比较计算研究采用了分支定界法求解的方法来完成全比较计算的数据分发[17],这种方法虽然能够获得最优化的数据分发方案,但需要牺牲一定的求解时间。

综上所述,目前全比较计算的数据分发研究成果还存在一些问题。本书对全比较计算的数据分发问题进一步展开理论分析,并将该问题与粒子群算法的思想相结合,构建了一个基于粒子群优化(Particle Swarm Optimization,PSO)的数据分发模型,提出了基于粒子群优化实现负载均衡的数据分发算法(Data Distribution Based on Particle Swarm Optimization for Load Balance,DDBPSOLB)和基于粒子群优化实现最优化存储的数据分发算法(Data Distribution Based on Particle Swarm Optimization for Best Storage,DDBPSOBS)。最后基于 MATLAB 验证了模型的可行性,并通过相关实验与 Hadoop 数据分发策略作比较,验证了算法在分布式系统中各节点计算负载均衡、存储空间占用、数据本地化、算法运算速度方面的优势。

4.2 全比较计算相关研究

4.2.1 全比较计算

在全比较计算的数据集中,两两数据间必然且仅仅会发生一次比较计算。在一个具有 m 个数据文件的数据集和 n 个节点的分布式集群中,设具体的比较算法为 $C(i,j)$,其中 i 和 j 是数据集中的两个数据文件。全比较计算

能够被形式化地描述为

$$M_{i,j} = \{C(i,j) \mid i < j, i = 1, 2, \cdots, m-1; j = 2, 3, \cdots, m\} \quad (4\text{-}1)$$

其中 $M_{i,j}$ 是比较运算 $C(i,j)$ 的计算结果,全部的 $M_{i,j}$ 组成了全比较计算的最终结果。当 $m=5$ 时比较任务与相关数据文件的关系如图 4.1 所示。文件编号依次为 f_1、f_2、f_3、f_4、f_5。全比较计算的比较任务为图中对应标" $*$ "的元素,列编号表示比较运算中的第一个输入文件的编号,行编号表示比较运算中的第二个输入文件编号。图中标圆圈的元素表示全比较计算的第一个比较任务,它的第一个输入文件是 f_1,第二个数据文件是 f_2,比较运算的结果用 $M_{1,2}$ 表示。

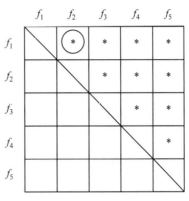

图 4.1　5 个文件的全比较计算

4.2.2　全比较计算的数据分发模型构建

本书研究的是同构分布式系统下的数据分发工作,假定分布式系统中各个节点的软硬件配置一致。在核酸序列比对中[18],数据文件的大小是相同或近似相同的。假设数据集中有 m 个数据文件,每个数据文件的大小为 $s_i, i = 1, 2, \cdots, m$。那么数据文件的大小相同或近似相同的形式化描述如下:

$$s_1 \simeq s_2 \simeq \cdots \simeq s_m \quad (4\text{-}2)$$

全比较计算的数据分发工作要使得节点间的负载达到均衡,降低分布式系统总体的存储空间使用,同时要保证每个比较任务都能够使用具有本地化属性的数据,尽可能地减少每一台计算节点上的存储空间。

在进行两两数据文件的比较运算时,两个数据文件的大小之和与比较运算的计算量成正比。令 c_{ij} 表示比较任务 $C(i,j)$ 的计算量。则 c_{ij} 与数据文件 i 和数据文件 j 有如下关系:

$$s_i + s_j \propto c_{ij} \quad (i < j; i = 1, 2, \cdots, m; j = 2, 3, \cdots, m) \tag{4-3}$$

根据式(4-2)可知所有的 c_{ij} 的数值相同或近似相同。假设为节点 p 上分配 K 个比较任务，每个任务的计算量为 c_{ij}^k，i 和 j 为分发到节点 p 上数据文件的编号，节点 p 上的任务量大小 p_c 为

$$p_c = \sum_{k=1}^{K} c_{ij}^k \quad (i, j \in p) \tag{4-4}$$

令 t_{count} 为全比较计算中的总任务个数，一个比较任务与两个不同的数据文件有关，当数据集中有 m 个数据文件时为

$$t_{\text{count}} = \binom{m}{2} = \frac{m(m-1)}{2} \tag{4-5}$$

使用 x_{kp} 表示是否将比较任务 k 分配到节点 p 上，由式(4-1)可知 x_{kp} 具有唯一性，在进行任务分配时，每个比较任务能且必须分配到一个计算节点上。x_{kp} 的取值用 0 和 1 来表示，1 表示将比较任务 k 分配到计算节点 p 上，0 表示不进行分配。

$$x_{kp} = 0 \text{ 或 } 1 \quad (k = 1, 2, \cdots, t_{\text{count}}; p = 1, 2, \cdots, n) \tag{4-6}$$

用 c_k 表示第 k 个任务的大小，那么式(4-4)中节点 p 上的任务量大小 p_c 能够被重新定义为

$$p_c = \sum_{k=1}^{K} (c_k x_{kp}) \quad (p = 1, 2, \cdots, n) \tag{4-7}$$

在具有 n 个计算节点的分布式系统中，用 c_k 表示任务 k 的大小，全比较计算的节点平均计算量 c_{avg} 为

$$c_{\text{avg}} = \frac{\sum\limits_{k=1}^{t_{\text{count}}} c_k}{n} \tag{4-8}$$

由式(4-7)、式(4-8)可以得出节点 p 的计算量相对于 c_{avg} 的偏离程度 f_p。

$$f_p = | p_c - c_{\text{avg}} | \tag{4-9}$$

那么分布式系统的负载均衡能够被描述为

$$\min \sum_{p=1}^{n} f_p \tag{4-10}$$

令 w_q 表示分发到节点 p 上的文件的总大小。假设分发到节点 p 上的文件数为 $m'(m' \leqslant m)$，w_p 中文件 i 的大小为 r_i，则有

$$w_p = \sum_{i=1}^{m'} r_i \quad (p = 1, 2, \cdots, n) \tag{4-11}$$

令 $u_p(p = 1, 2, \cdots, n)$ 为节点 p 的存储空间上限，分发到节点 p 上的文件大小总和不能超过 u_p。

$$w_p \leqslant u_p \tag{4-12}$$

以式(4-10)作为求解目标，得到全比较计算在分布式系统中的负载均衡求解模型如下。

$$\min \sum_{p=1}^{n} \left| \left(\sum_{k=1}^{\frac{m(m-1)}{2}} c_k x_{kp} \right) - \frac{\sum\limits_{k=1}^{\frac{m(m-1)}{2}} c_k}{n} \right|$$

$$\text{s.t.} \begin{cases} \sum\limits_{p=1}^{n} x_{kp} = 1 & \left(k = 1, 2, \cdots, \dfrac{m(m-1)}{2}\right) \\[3mm] \sum\limits_{i=1}^{m'} r_i \leqslant u_p & (p = 1, 2, \cdots, n; m' \leqslant m) \\[3mm] x_{kp} = 0 \text{ 或 } 1 & \left(k = 1, 2, \cdots, \dfrac{m(m-1)}{2}; p = 1, 2, \cdots, n\right) \end{cases} \tag{4-13}$$

根据式(4-13)进行全比较任务在分布式系统中的调度将使得各个计算节点之间实现负载均衡，并且能够保证每个比较任务所需的数据文件具有数据本地化。在这个基础上，对模型进行优化，期待找到一个最小化分布式系统中所需存储空间的数据分发方案。

数据文件与比较任务之间存在一个多对多的关系，即同一个数据文件与多个比较任务相关，一个比较任务需要两个数据文件。基于这种多对多关系

进行任务分配的重组,调整执行比较任务 k 的计算节点,修改数据文件分发方案,得到一个数据分发方案与任务调度方案。

通过式(4-13)能够得到负载均衡状态下每个节点的计算量,记为 $g_i(i=1,2,\cdots,n)$。g_i 之间可能存在数值上的差异。在优化算法中,让每个计算节点上计算量都不超过 g_i 的最大值。通过式(4-7)对节点计算量的描述得到,某一时刻节点 p 上的任务分配情况与计算量的关系如下:

$$\sum_{k=1}^{\frac{m(m-1)}{2}} c_k x_{kp} \leqslant \max(g_i) \quad (i-1,2,\cdots,n) \tag{4-14}$$

在具有 n 个计算节点的分布式系统中,将 m 个数据文件进行分发。每个文件在一台计算节点上最多只有一个备份,用 y_{jp} 表示是否将第 j 个数据文件分发到第 p 个节点上,y_{jp} 取值为 1 时表示将第 j 个数据文件分发到第 p 个节点上,y_{jp} 为 0 时表示不分发。因此分布式系统下全比较计算的数据分发策略对应的最优化存储的数据分发方案能够被描述成以下方程。

$$\min \sum_{p=1}^{n} \sum_{j=1}^{m} s_j y_{jp} \tag{4-15}$$

由式(4-13)、式(4-14)、式(4-15),得出优化后的分布式系统下全比较计算数据分发模型如式(4-16)所示。

$$\min \sum_{p=1}^{n} \sum_{j=1}^{m} s_j y_{jp}$$

$$\text{s.t.} \begin{cases} \sum_{p=1}^{n} x_{kp} = 1 & \left(k=1,2,\cdots,\dfrac{m(m-1)}{2}\right) \\[2mm] \sum_{k=1}^{\frac{m(m-1)}{2}} c_k x_{kp} \leqslant \max(g_i) & (i=1,2,\cdots,n) \\[2mm] x_{kp} = 0 \text{ 或 } 1 & \left(k=1,2,\cdots,\dfrac{m(m-1)}{2};p=1,2,\cdots,n\right) \\[2mm] y_{jp} = 0 \text{ 或 } 1 & (j=1,2,\cdots,m;p=1,2,\cdots,n) \end{cases} \tag{4-16}$$

根据式(4-16)进行全比较计算的数据分发,得出的数据分发结果降低了分布式系统的存储空间,实现了完全的数据本地化与负载均衡。

4.3　DDBPSO 模型相关算法设计

4.3.1　粒子群算法

粒子群算法是一种群启发式算法,该算法于 1995 年由美国社会心理学家 James Kenedy 和电气工程师 Russell Eberthart[19] 共同提出。粒子群算法的寻优过程大致为:在给定的解空间内初始化粒子群,解空间的维数由待优化问题的变量数决定,给定粒子的初始位置、初始速度,以及动态惯性权重取值范围与迭代次数。在每一次迭代中,粒子位置的更新与飞行速度由个体最优值与全局最优值来决定。在满足迭代停止条件后,粒子的全局最优位置即为优化问题的解。

采用粒子群优化进行全比较计算数据分发模型的求解主要有以下优点。

(1)粒子群优化易于实现,没有类似于遗传算法的多个算子。

(2)粒子群优化采用随机初始化种群,使用适应度值来评价粒子个体的优劣程度和进行一定的随机搜索。

(3)粒子群优化采用多个粒子同时进行寻优,在进行寻优时,可以通过寻找个体最优解的方式来暂时接受次优解,最后,通过比较每一代中的个体最优解找出全局最优解。

(4)全比较计算数据分发模型以是否将比较任务安排到计算节点上作为决策变量,定义域中包含两个元素,即 0 和 1,因此能够使用离散粒子群算法来求解模型。

4.3.2　算法设计

根据上文对全比较计算数据分发问题的理论分析可知,DDBPSO 模型由两部分构成。第一部分为求出使得分布式系统达到负载均衡的数据分发方案与任务调度方案。第二部分为基于第一部分的负载均衡结果进行优化求解,在保证负载均衡的前提下降低分布式系统中存储空间的使用。为了便于描述,将 DDBPSO 模型的第一部分称为基于粒子群优化实现负载均衡的数据分发算法(DDBPSOLB),将 DDBPSO 模型的第二部分称为基于粒子群优化实现最优化存储的数据分发算法(DDBPSOBS)。

1. DDBPSOLB 算法设计

DDBPSOLB 算法将参照式(4-13)进行设计,得出分布式系统下负载均衡状态的数据分发方案。其参数设置见表 4.1。

表 4.1　DDBPSOLB 参数设置

参　数　名　称	参　数　值
最大迭代次数 T	100
粒子种群规模 N	100
粒子维度 D	$D = n \times t_c$
惯性权重 w	$[0.4, 0.8]$
加速系数 c_1	1.5
加速系数 c_2	1.5
粒子速度	$[-10, 10]$

考虑到数据文件数量增加后全比较问题的比较任务规模将增加,全比较计算与分布式系统中的节点数目有关,故动态调整粒子维度 D。将单个粒子的维度指定为分布式系统中的节点数量 n 与比较任务的数量 t_c 的乘积。

惯性权重是粒子群算法中一个非常重要的控制参数,能够用来控制求解算法的开发与探索能力。DDBPSOLB 算法在优化的过程中,会逐代地获取到较好适应度值的可行解。因此希望在开始寻优时粒子较为活跃,即速度较快,随着优化的进行,粒子的运动状态逐渐趋于稳定,于是在 DDBPSOLB 算法中采用线性递减权值策略[20]。

DDBPSOLB 算法涉及几个更新规则,包括惯性权重更新规则、粒子飞行速度更新规则、粒子位置更新规则。

令 w 表示当前粒子的惯性权重,w_{min} 与 w_{max} 分别表示惯性权重最小值和最大值,T_{max} 为最大迭代次数,t 是 DDBPSOLB 算法当前迭代次数。则 w 能被形式化地表示为

$$w = w_{max} - \frac{(w_{max} - w_{min})t}{T_{max}} \tag{4-17}$$

第 t 次迭代中粒子 i 第 j 维的飞行速度为 $v_{ij}(t)$,c_1、c_2 为加速系数,RAND 为 0~1 之间的随机数,$x_{i\,j}(t)$ 为中粒子 i 第 j 维的编码,$p_{ij}(t)$ 为粒子 i 的个体最佳位置,$g(t)$ 是第 t 次迭代得出的全局最佳位置。则第 $t+1$ 次迭代中粒子 i 第 j 维的飞行速度 $v_{ij}(t+1)$ 为

$$v_{ij}(t+1) = wv_{ij}(t) + c_1 \text{RAND}[p_{ij}(t) - x_{ij}(t)] + c_2 \text{RAND}[g(t) - x_{ij}(t)] \tag{4-18}$$

是否更新位置由概率 q 决定,令变量 x_{ij} 表示是否更新概率,x_{ij} 取值为 1 时表示进行更新,x_{ij} 取值为 0 时表示不进行更新。其形式化描述如式(4-19)、式(4-20)所示。

$$q = 1/(1 + e^{-v_{ij}}) \tag{4-19}$$

$$x_{ij} = \begin{cases} 1, & r < q \\ 0, & r \geqslant q \end{cases} \tag{4-20}$$

其中 v_{ij} 为粒子 i 第 j 维的当前速度,r 表示 0~1 之间的随机数。当 $x_{ij}=1$ 时,进行位置的更新。DDBPSOLB 算法的适应度函数用于评价粒子编码对应的分布式系统的负载均衡程度,其数学原理遵循式(4-9)。

DDBPSOLB 算法的伪代码见表 4.2。算法要求输入分布式系统的节数量 n,节点存储上限 u_t 和全比较计算所需的文件的大小列表 s。输出参数为全比较计算的任务列表 task,分布式系统中各节点的总计算量 nodeLoads,全局

最优位置 gbest。这三个参数都被用作 DDBPSOBS 算法的输入参数。第 6 行对输入参数进行检验,比如判断计算节点是否有能力存储全比较计算所需的一份完整数据。第 11 行到第 30 行进行粒子群迭代寻优。第 31 行将从全局最优解 gbest 中解析出各个节点的负载情况,并存储到 nodeLoads 中。

表 4.2　DDBPSOLB 算法伪码描述

算法 1　DDBPSOLB 算法

1. **输入参数:**
2. 　　节点个数 n,文件大小列表 s,节点存储上限 u_t;
3. **输出参数:**
4. 　　任务列表 task,节点负载列表 nodeLoads,全局最优位置 gbest;
5. **初始化:**
6. 　　检验输入参数的合法性;
7. 　　构造任务列表 task;
8. 　　计算任务个数 taskCount,节点平均工作量 avgNode;
9. 　　设置粒子群优化相关参数;
10. **迭代求解:**
11. for i＝1 to T **do**
12. 　　for j＝1 to N **do**
13. 　　　　更新个体最优位置与个体最优值;
14. 　　　　更新全局最优位置与全局最优值;
15. 　　　　根据式(4-17)计算动态惯性权重 w;
16. 　　　　根据式(4-18)计算粒子速度,并使用边界值吸收法处理异常速度值;
17. 　　　　根据式(4-19)计算概率 q(j,:);
18. 　　　　for jj＝1 to D **do**
19. 　　　　　if q(j,:)＞rand **then**
20. 　　　　　　　备份粒子 j 的位置 x(j,:)为 x1;
21. 　　　　　　　随机选定两个不同的节点,并从第一个节点上挑出一个任务安排到第二个节点上;
22. 　　　　　　　计算适应度值 fit;
23. 　　　　　　if fit＜pbest(j) then
24. 　　　　　　　　x(j,:)＝x1;
25. 　　　　　　end if
26. 　　　　end if

27.　　　end for
28.　　end for
29.　　gb(i)＝gbest;
30. end for
31. 计算各个节点负载情况 nodeLoads;

时间复杂度。DDBPSOLB 算法的主要耗时操作在于迭代求解部分,该部分包含 3 个嵌套的 for 循环。优化迭代次数为 T,粒子群规模为 N,粒子编码长度为 D,则 DDBPSOLB 算法的时间复杂度为 $T_1＝O(\mathrm{TND})$,与离散粒子群算法的时间复杂度处于同一数量级。

收敛性。如算法 1 第 18～25 行所示,粒子在进化时随机选择两个节点,并将其中一个节点上的某一个任务安排到另一个节点上,对可行解进行扰动。在扰动的过程中,如果新解优于当前粒子的最佳解,则对该粒子的编码进行更新。这样的更新方式使得算法能够接受次优解,有效避免算法陷入局部最优解。在下一次迭代时第 13、14 行会根据负载偏离程度对个体最优位置与全局最优位置进行更新,从而让负载偏离程度朝着缩小的方向收敛。

2. DDBPSOBS 算法设计

DDBPSOBS 算法用于在保证分布式系统中各个节点实现负载均衡的条件下,对分布式系统中各个节点需要提供的存储空间大小进行优化。DDBPSOLB 算法计算完毕,能够得出使得分布式系统实现负载均衡状态下的全比较计算任务调度方案,以及分布式系统中每个节点所需承担的计算量。从各个节点的计算量中选出节点计算量的最大值 $C_{\max}$ 作为 DDBPSOBS 算法中的一个约束条件。

DDBPSOBS 算法思想与 DDBPSOLB 算法类似,相关的参数除粒子种群规模 N 外其余均与表 4.1 保持一致。粒子种群规模 N 在 DDBPSOBS 算法中取值为 10,这样做的目的是希望通过降低种群规模,提高算法的运算效率。

由于 DDBPSOLB 算法中获取到了使得系统实现负载均衡的粒子最佳位置,因此在 DDBPSOBS 算法的种群初始化工作中,只需要将编码复制 N 份,通过满足式(4-14)来调整粒子的编码,实现初始种群的多样性。DDBPSOBS 算法对应的适应度值为粒子当前编码对应的分布式系统的存储空间大小。使用式(4-16)进行算法的开发,与粒子群优化的相关更新规则与 DDBPSOLB 算法基本保持一致,具体的位置更新规则有所改变。

表 4.3 是 DDBPSOBS 算法步骤描述,算法要求输入的参数包括 n、s、task、nodeLoads,以及 DDBPSOLB 算法的全局最优位置 $gbest_1$。输出结果为分布式系统下全比较计算的任务调度方案 taskAssign 和文件分发方案 fileAssign。第 6 行到第 22 行将进行粒子群迭代寻优之前的初始化工作,这部分主要是为粒子群优化所需的参数信息做初始化。第 24 行到第 50 行进行迭代寻优,当满足位置更新规则时,使用第 34 行到第 45 行所定义的内容进行粒子位置的更新。第 49 行将每一次迭代所得到的最优位置所对应的适应度值记录下来,方便后期查看算法的适应度进化情况。在完成迭代寻优后,第 51 行将从 DDBPSOBS 算法的全局最优位置编码 gbest 中解析出 taskAssign 和 fileAssign。

表 4.3　DDBPSOBS 算法伪码描述

算法 2　DDBPSOBS 算法
1.　**输入参数**:
2.　　节点个数 n,文件大小列表 s,任务列表 task,节点计算量 nodeLoads,模型第一部分的全局最优位置 $gbest_1$;
3.　**输出参数**:
4.　　任务调度方案 taskAssign,文件分发方案 fileAssign;
5.　**初始化**:
6.　　任务个数 taskCount＝size(task,1);
7.　　设置粒子群优化相关参数;

8.	求出节点最大计算量 $C_{max}=max(nodeLoads)$;
9.	初始化种群个体 $x=repmat(gbest_1,N,1)$;
10.	**for** $i=2$ to N **do**
11.	创建临时变量 $flag=0$;
12.	**while**　$flag==0$ do
13.	从 $x(i,:)$ 中随机获取两个节点 $node_1$ 和 $node_2$;
14.	从 $node_1$ 上的任务集 set_1 中随机获取一个计算任务 $task_1$,并获取 $task_1$ 的计算量 ts_1;
15.	求出 $node_2$ 上任务集 set_2 中所有任务与 $task_1$ 的任务大小差异,并选出差异最小的任务作为 $task_2$;
16.	$task_1$ 与 $task_2$ 进行交换;
17.	求出 $node_1$ 与 $node_2$ 的当前计算量 nc_1 与 nc_2;
18.	**if** $nc_1<=C_{max}$ && $nc_2<=C_{max}$ **then**
19.	$flag==1$;
20.	**end if**
21.	**end while**
22.	**end for**
23.	**迭代求解:**
24.	**for** $i=1$ to T **do**
25.	**for** $j=1$ to N **do**
26.	计算粒子 j 的适应度值 pt;
27.	更新个体最优位置与个体最优值;
28.	更新全局最优位置与全局最优值;
29.	根据式(4-17)计算动态惯性权重 w;
30.	根据式(4-18)计算粒子速度,并使用边界值吸收法处理异常速度值;
31.	根据式(4-19)计算概率 $q(j,:)$;
32.	**for** $jj=1$ to D **do**
33.	if $q(j,:)>rand$ then
34.	备份粒子 j 的位置 $x(j,:)$ 为 y;
35.	随机选定两个不同的节点 $node_1$ 和 $node_2$;

36.	从 $node_1$ 上随机获取一个计算任务 $task_1$,并获取 $task_1$ 的计算量 ts_1;
37.	求出 $node_2$ 上所有任务与 $task_1$ 的任务大小差异,并选出差异最小的任务作为 $task_2$;
38.	在 y 上将 $task_1$ 与 $task_2$ 进行交换;
39.	求出 $node_1$ 与 $node_2$ 的当前计算量 nc_1 与 nc_2;
40.	**if** $nc_1 <= C_{max}$ && $nc_2 <= C_{max}$ **then**
41.	求出 y 的适应度值 fitY;
42.	**if** $fitY < pbest(j)$ **then**
43.	$x(j,:) = y$;
44.	**end if**
45.	**end if**
46.	**end if**
47.	**end for**
48.	**end for**
49.	$gb(i) = gbest$;
50.	**end for**
51.	从 gbest 中解析出任务调度方案 taskAssign,文件分发方案 fileAssign;

时间复杂度。DDBPSOBS 算法的耗时操作同样发生在迭代求解部分,该算法同样是根据迭代次数 T,粒子群规模 N,粒子编码长度 D 构建了 for 循环。其时间复杂度为 $T_2 = O(TND)$,与 DDBPSOLB 算法和离散粒子群算法的时间复杂度保持在同一个数量级。

收敛性。算法 2 第 31~47 行表示的是粒子的进化过程,通过概率 q 确定要修改粒子 i 的编码之后,将粒子 i 的位置编码 x 备份为 y。随机挑选两个计算节点上的任务集合 set_1 与 set_2。从 set_1 中随机挑选一个任务 $task_1$,计算其大小 ts_1。计算 set_2 中每个任务与 $task_1$ 的大小差异,挑选出差异最小的任务

作为交换任务 $task_2$。在 y 上交换 $task_1$ 和 $task_2$ 的执行节点，如果两个节点上的任务量均在 C_{max} 的范围内，则计算编码 y 对应的适应度值 fit''。如果 fit'' 的适应度值优于粒子 i 的个体最优值，则使用 y 更新 x。与个体最优值做比较的这种方式，是为了避免算法陷入局部最优解。算法 2 第 27、28 行会将每次迭代过程中的个体最优的位置与全局最优位置进行更新，从而让全局最优解朝着所需存储空间变小的方向收敛。

4.4　相关实验与结果分析

4.4.1　评价指标

本书将采用负载均衡理论值、存储节约率、数据本地化率、模型计算时间 4 个评价指标来对 DDBPSO 模型进行分析与评价。

（1）负载均衡理论值。保持负载均衡是 DDBPSO 模型开发的首要目标，期望通过 DDBPSO 模型得出分布式系统下各个节点上计算量相同的任务调度方案与数据分发方案。

（2）存储节约率。降低分布式系统的存储空间使用是 DDBPSO 模型开发的第二个目标，存储节约率的计算把全比较计算所需的整份数据向分布式系统中每个节点分发一份时分布式系统所需的存储空间作为分母。m 个数据文件，n 个节点，令 h_r 为存储节约率，h_r 的计算公式如下：

$$h_r = 1 - \frac{\sum_{i=1}^{n} \sum_{j=1}^{m'} s_{ij}}{n \sum_{k=1}^{m} s_k} \quad (m' \leqslant m) \tag{4-21}$$

在式（4-21）中，s_k 表示文件 k 的大小，s_{ij} 是分发到节点 i 上的文件 j 的大小，m' 表示分发到节点 i 上的文件数目。

（3）数据本地化率。在使用分布式集群进行计算时，如果出现大量的计算节点需要通过网络来获取数据，将造成网络拥堵。因此，数据本地化率越高，网络服务的压力就越小。

（4）模型计算时间。在真实的应用场景中，用户会希望使用程序的执行速度尽可能快，针对这个目标，采用模型计算时间来进行量化。

4.4.2　实验方案设计

在实验方案设计过程中，对"文件大小是否完全相同""全比较计算的比较任务数量是否能够被分布式系统中的节点数所整除"两个条件进行组合，可以得出如下 4 组实验方案。

（1）文件大小完全相同，比较任务数能够被节点数整除。

（2）文件大小完全相同，比较任务数不能被节点数整除。

（3）文件大小不完全相同，比较任务数能够被节点数整除。

（4）文件大小不完全相同，比较任务数不能被节点数整除。

实验数据。将从美国国家生物技术中心下载的一个基因序列文件进行切分处理，以便于开展 DDBPSO 模型验证实验与 Hadoop 对比实验。将基因序列文件切分成 12 个大小不完全相同的小文件，每次从中挑选出 10 个数据文件进行实验。切分后，数据文件的大小分别为 9.7MB、9.7MB、9.7MB、9.7MB、9.7MB、9.7MB、9.7MB、9.7MB、9.7MB、9.7MB、8.1MB、12.1MB。

在进行 DDBPSO 模型验证实验之前，首先使用 Hadoop 执行四组数据分发实验，并编写 MapReduce 程序读取数据文件模拟序列比对中的文件加载操作。记录每一组实验中全比较计算的数据分发方案与任务调度情况，用于与 DDBPSO 模型的实验结果做比较。4 组实验的文件与节点信息见表 4.4。

表 4.4　实验方案设计

实验编号	节点数量	文　件　大　小
1	5	9.7MB、9.7MB、9.7MB、9.7MB、9.7MB、9.7MB、9.7MB、9.7MB、9.7MB、9.7MB
2	4	9.7MB、9.7MB、9.7MB、9.7MB、9.7MB、9.7MB、9.7MB、9.7MB、9.7MB、9.7MB
3	5	9.7MB、9.7MB、9.7MB、9.7MB、9.7MB、9.7MB、9.7MB、9.7MB、8.1MB、12.1MB
4	4	9.7MB、9.7MB、9.7MB、9.7MB、9.7MB、9.7MB、9.7MB、9.7MB、8.1MB、12.1MB

4.4.3　Hadoop 数据分发实验

本书将使用 Hadoop 的数据分发结果与 DDBPSO 模型所得数据分发结果在负载均衡程度、存储节约情况和数据本地化情况 3 个评价指标上做对比。Hadoop 集群配置方案如下。

宿主机配置：IntelCore i7-8750 CPU，16GB RAM，1TB SATA ＋256GB SSD，Windows 10 操作系统。虚拟化软件及版本：VMware WorkStation 10。

虚拟机配置：CPU 核心数为 2，2GB 内存，20GB 磁盘空间，在 5 台虚拟机上安装 CentOS 6.8 并配置 Hadoop 2.7.2。

Hadoop 数据分发实验将在宿主机上进行，将进行一次全比较计算所需的数据从宿主机分发到 HDFS 上，并通过 Hadoop 提供的可视化界面对上传的每个数据进行所在位置统计。HDFS 中的文件副本数不做修改，使用默认值 3。

基于 Hadoop 依次完成 4 组实验得到的 Hadoop 的全比较计算数据分发方案与全比较计算任务执行情况见表 4.5。数据分发方案的统计是基于 Hadoop 提供的 Web 界面获取到的，任务执行情况是根据模拟的全比较计算程序得出的。

表 4.5   Hadoop 实验结果

实验编号	节点编号	数据分发方案	任务执行情况
1	节点 1	2,3,4,5,7,9,10	37,38,39,40,41,42,43,44,45
	节点 2	2,3,4,6,8,10	28,29,30,31,32,33,34,35,36
	节点 3	1,4,6,7,8,9,10	1,2,3,4,5,6,7,8,9
	节点 4	1,5,6,7,8,9	10,11,12,13,14,15,16,17,18
	节点 5	1,2,3,5	19,20,21,22,23,24,25,26,27
2	节点 1	1,2,3,4,6,7,8,9,10	37,38,39,40,41,42,43,44,45
	节点 2	1,3,5,7,8,9,10	25,26,27,28,29,30,31,32,33,34,35,36
	节点 3	1,2,4,5,6,10	1,2,3,4,5,6,7,8,9,10,11,12
	节点 4	2,3,4,5,6,7,8,9	13,14,15,16,17,18,19,20,21,22,23,24
3	节点 1	1,2,4,6,7,8,10	1,2,3,4,5,6,7,8,9
	节点 2	1,2,3,5,7,10	28,29,30,31,32,33,34,35,36
	节点 3	1,4,5,6,8,9	10,11,12,13,14,15,16,17,18
	节点 4	2,3,5,7,8,9	19,20,21,22,23,24,25,26,27
	节点 5	3,4,6,9,10	37,38,39,40,41,42,43,44,45
4	节点 1	1,2,3,4,8,9,10	13,14,15,16,17,18,19,20,21,22,23,24
	节点 2	1,3,5,6,7,8,10	25,26,27,28,29,30,31,32,33,34,35,36
	节点 3	2,4,5,6,7,8,9,10	37,38,39,40,41,42,43,44,45
	节点 4	1,2,3,4,5,6,7,9	1,2,3,4,5,6,7,8,9,10,11,12

与将全比较计算所需的全部数据向所有节点都分发一次的数据分发方案相比较,能够得出 Hadoop 集群的存储节约情况。4 组实验的存储节约率如图 4.2 所示。本次实验全程使用 Hadoop 默认的副本数 3,实验 2 与实验 4 的计算节点数量为 4,分布式系统的存储节约率为 25%;当计算节点数量为 5 时,实验 1 与实验 3 的分布式系统存储节约率为 40%。

对表 4.3 的数据分发方案与任务执行情况进行分析,并结合 Hadoop 在

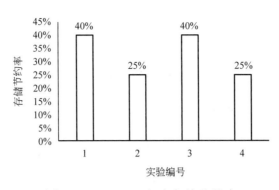

图 4.2　Hadoop 实验存储节约率

向 HDFS 请求数据时的数据发送特点(当客户端向 HDFS 请求数据时,NameNode 会将满足条件的且离客户端最近的 DataNode 上的数据发送给客户端),可得出在进行全比较计算时各个比较任务请求到的数据是本地的还是其他节点的。4 组实验中节点的数据本地率如图 4.3 所示。图 4.3 表明,使用 Hadoop 进行全比较计算,数据文件的副本数为 3 时,分布式系统无法实现完全的数据本地化。

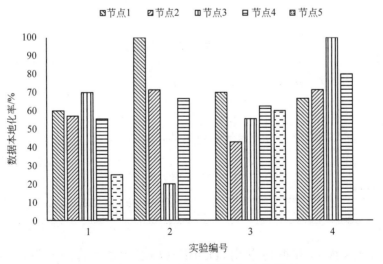

图 4.3　Hadoop 实验数据本地化情况

4.4.4 DDBPSO 模型实验

1.5 个计算节点，10 个大小完全相同的数据文件

根据 4.4.2 节中设计的实验方案 1 进行实验，分布式系统的负载均衡情况如图 4.4 所示，分布式系统下全比较计算的数据分发方案与任务调度方案见表 4.6。

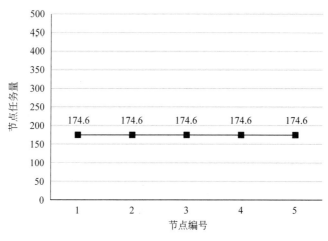

图 4.4　方案 1 负载均衡情况

表 4.6　方案 1 实验结果

节点编号	数据分发方案	任务调度方案	节点存储量/MB	节点任务量
节点 1	1,2,3,6,7,9	1,2,5,6,8,10,13,14,16	58.2	174.6
节点 2	1,2,4,5,8,10	4,7,11,12,15,17,28,33,44	58.2	174.6
节点 3	3,5,6,9,10	19,23,24,31,34,35,38,39,45	48.5	174.6
节点 4	3,4,6,7,8	18,20,21,22,26,27,36,37,40	48.5	174.6
节点 5	1,4,5,7,8,9,10	3,9,25,29,30,32,41,42,43	67.9	174.6

通过图 4.4 能够直观地看出，DDBPSO 模型给出的任务调度方案能够使得分布式系统中各个节点之间实现负载均衡。由表 4.6 可知，当文件大小完全相同、比较任务的数量能够被节点数整除时。基于 4.4.2 节设计的实验方

案 1 对 DDBPSO 模型和 Hadoop 的数据分发方案进行比较表明，相比于 Hadoop 的数据分发方案，DDBPSO 模型能够使得分布式系统中全部节点都实现 100% 的数据本地化，而 Hadoop 的数据本地化率最高的一个节点都只有 70%。在存储节约率方面，根据式(4-21)对方案 1 的存储节约率进行计算，能够得到 DDBPSO 模型的存储节约率为 42%，略高于 Hadoop 的存储节约率。使用 MATLAB 进行 DDBPSO 模型的求解，相比于使用分支定界法需要 1h 的求解时间[17]，该实验的计算时间仅为 29s。

2. 4 个计算节点，10 个大小完全相同的数据文件

根据 4.4.2 节中设计的实验方案 2 对 DDBPSO 模型进行实验，分布式系统的负载均衡情况如图 4.5 所示，分布式系统下全比较计算的数据分发方案与任务调度方案见表 4.7。

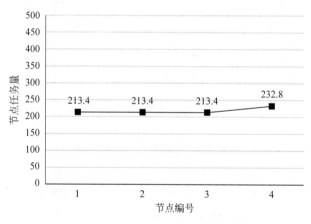

图 4.5　方案 2 负载均衡情况

表 4.7　方案 2 实验结果

节点编号	数据分发方案	任务调度方案	节点存储量/MB	节点任务量
节点 1	1,2,3,4,6,9	2,3,5,8,10,11,13,16,18,20,26	213.4	58.2
节点 2	5,6,7,8,9,10	31,35,37,38,39,40,41,42,43,44,45	213.4	58.2

节点编号	数据分发方案	任务调度方案	节点存储量/MB	节点任务量
节点 3	1,2,3,5,7,8,10	1,4,6,7,9,12,14,15,17,19,32	213.4	67.9
节点 4	3,4,5,6,7,8,9,10	21,22,23,24,25,27,28,29,30,33,34,36	232.8	77.6

由图 4.5 能够看出,DDBPSO 模型给出的任务调度方案能够使得分布式系统中各个节点之间基本实现负载均衡。由表 4.7 可知,当文件大小完全相同、比较任务的数量不能够被节点数整除时,相比于 Hadoop 的数据分发方案,DDBPSO 模型能够使得分布式系统中全部节点都实现 100% 的数据本地化,而 Hadoop 的数据本地化率只有第 1 个节点实现了 100% 的数据本地化,第 2、3、4 号节点的数据本地化率皆不到 100%。特别是 3 号节点的数据本地化率只有 20%,这意味着在 3 号节点上执行比较任务时,大部分数据需要从其他节点获得。在存储节约率方面,DDBPSO 模型的存储节约率为 32.5%,略高出 Hadoop 的存储节约率 7.25%。使用 MATLAB 进行 DDBPSO 模型的求解,相比于使用分支定界法需要 10h 以上的求解时间[17],该实验的计算时间仅为 23s。

3. 5 个计算节点,10 个大小不完全相同的数据文件

接下来根据 4.4.2 节中设计的实验方案 3 使用 DDBPSO 模型进行实验,分布式系统的负载均衡情况如图 4.6 所示,分布式系统下全比较计算的数据分发方案与任务调度方案见表 4.8。

表 4.8 方案 3 实验结果

节点编号	数据分发方案	任务调度方案	节点存储量/MB	节点任务量
节点 1	2,4,5,7,9,10	11,12,14,17,25,27,29,32,45	59.0	176.2
节点 2	1,2,3,4,7,8,9,10	1,6,15,18,21,22,24,41,44	78.4	177.8

节点编号	数据分发方案	任务调度方案	节点存储量/MB	节点任务量
节点 3	1,4,6,7,8,9,10	3,8,26,28,30,36,40,42,43	68.7	176.2
节点 4	1,5,6,8,9,10	4,7,9,31,33,34,37,38,39	59.0	176.2
节点 5	1,2,3,5,6,9,10	2,5,10,13,16,19,20,23,35	68.7	173.8

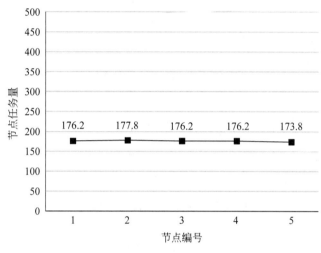

图 4.6　方案 3 负载均衡情况

由图 4.6 能够看出,DDBPSO 模型给出的任务调度方案能够使得分布式系统中各个节点之间基本实现负载均衡。由表 4.8 可知,当文件大小不完全相同、比较任务的数量能够被节点数整除时,根据式(4-21)对方案 3 的存储节约率进行计算,能够得到 DDBPSO 模型的存储节约率为 31.7%,而 Hadoop给出的数据分发方案存储节约率为 40%。尽管 DDBPSO 模型的存储节约率略低于 Hadoop,但是相比于 Hadoop 的数据分发方案,DDBPSO 模型能够使得分布式系统中全部节点都实现 100% 的数据本地化,而 Hadoop 的数据本地化率在 43%～70%。使用 MATLAB 进行 DDBPSO 模型的求解,相比于使用分支定界法需要 10h 以上的求解时间[17],该实验的计算时间仅为 32s。

4.4 个计算节点,10 个大小不完全相同的数据文件

根据 4.4.2 节中设计的实验方案 4 使用 DDBPSO 模型进行实验,分布式系统的负载均衡情况如图 4.7 所示,分布式系统下全比较计算的数据分发方案与任务调度方案见表 4.9。

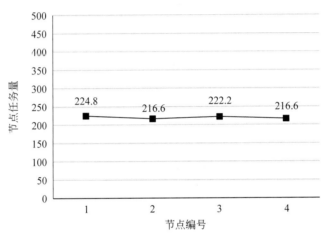

图 4.7　方案 4 负载均衡情况

表 4.9　方案 4 实验结果

节点编号	数据分发方案	任务调度方案	节点存储量/MB	节点任务量
节点 1	1,2,4,6,7,8,9	3,5,6,7,8,13,16,28,29,38,40,43	66.3	224.8
节点 2	3,4,5,6,7,9,10	18, 19, 20, 21, 23, 25, 26, 27, 30, 35,36	68.7	216.6
节点 3	2,5,6,7,8,9,10	14, 17, 31, 32, 33, 37, 39, 41, 42, 44,45	68.7	222.2
节点 4	1,2,3,4,5,8,9,10	1,2,4,9,10,11,12,15,22,24,34	78.4	216.6

由图 4.7 可以看出,DDBPSO 模型给出的任务调度方案能够使得分布式系统中各个节点之间基本实现负载均衡。由表 4.9 可知,当文件大小不完全

相同、比较任务的数量不能够被节点数整除时,根据式(4-21)对方案 4 的存储节约率进行计算,能够得到 DDBPSO 模型的存储节约率为 28%,而 Hadoop 给出的数据分发方案存储节约率只有 25%。相比于 Hadoop 的数据分发方案,DDBPSO 模型能够使得分布式系统中全部节点都实现 100% 的数据本地化,而 Hadoop 集群中节点的数据本地化率大部分无法实现 100%。使用 MATLAB 进行 DDBPSO 模型的求解,相比于使用分支定界法需要 10h 以上的求解时间[17],该实验的计算时间仅为 22s。

4.5　本章小结

本章研究了全比较计算的数据分发问题,提出了基于粒子群优化算法的数据分发模型 DDBPSO 模型及相关算法,对 DDBPSO 模型和相关算法进行了实验。实验结果表明,DDBPSO 模型给出的数据分发方案可以实现任务所需数据文件的完全本地化,能够降低分布式系统中存储空间的使用。在负载均衡方面,DDBPSO 模型给出的任务调度方案基本能够实现分布式系统中各个节点间的负载均衡。在计算时间方面,DDBPSO 模型能够以较快速度求出数据分发方案与任务调度方案,可以较好地完成分布式系统下全比较计算数据分发工作。DDBPSO 模型有效地解决了大规模全比较计算的数据分发问题,对生物信息学、自然语言处理等领域研究发展将产生较好的推动作用。

参考文献

[1]　ZHANG Y F, TIAN Y C, KELLY W, et al. A distributed computing framework for all-to-all comparison problems[C]//IECON 2014-40th Annual Conference of the IEEE Industrial Electronics Society. IEEE, 2014: 2499-2505.

[2]　高津蕾. 面向 DNA/RNA 大数据的序列比对算法[D].天津:天津工业大学,2019.

[3]　LIU S, WANG Y, TONG W, et al. A fast and memory efficient MLCS algorithm

by character merging for DNA sequences alignment[J]. Bioinformatics，2020，36（4）：1066-1073.

[4]　AKDEL M，DURAIRAJ J，DE RIDDER D，et al. Caretta：A multiple protein structure alignment and feature extraction suite[J]. Computational and Structural Biotechnology Journal，2020，18：981-992.

[5]　ALAWNEH L，SHEHAB M A，AL-AYYOUB M，et al. A scalable multiple pairwise protein sequence alignment acceleration using hybrid CPU-GPU approach [J]. Cluster Computing，2020，1-12.

[6]　YANG B，LI Z Y，CAO E G. Facial expression recognition based on multi-dataset neural network[J]. Radioengineering，2020，29(1)：259-261.

[7]　汤文亮,汤树芳,张平.基于余弦测度的 Web 指纹识别算法的研究与改进[J].计算机科学,2019,46(10)：295-298.

[8]　侯振寰,马永涛,姜启登,等.基于多指纹联合匹配的混合定位算法[J].计算机工程与科学,2017,39(4)：678-683.

[9]　LAZRI M，LABADI K，BRUCKER J M，et al. Improving satellite rainfall estimation from MSG data in Northern Algeria by using a multi-classifier model based on machine learning[J]. Journal of Hydrology，2020，584：124705.

[10]　姚佳奇,徐正国,燕继坤,等.基于标签语义相似的动态多标签文本分类算法[J/OL].计算机工程与应用，2020（19）：94-98.

[11]　孙沪增,李章维,秦子豪,等.带时间窗车辆路径规划算法研究与实现[J].小型微型计算机系统,2020,41(5)：972-978.

[12]　MENDONCA F M，DE MELO A C M A. Biological sequence comparison on hybrid platforms with dynamic workload adjustment［C］//2013 IEEE International Symposium on Parallel & Distributed Processing，Workshops and Phd Forum. IEEE，2013：501-509.

[13]　QIU X，EKANAYAKE J，BEASON S，et al. Cloud technologies for bioinformatics applications［C］//Proceedings of the 2nd Workshop on Many-Task Computing on Grids and Supercomputers，2009：1-10.

[14]　MENG X，CHAUDHARY V. A high-performance heterogeneous computing

platform for biological sequence analysis[J]. IEEE Transactions on Parallel and Distributed Systems，2010，21(9)：1267-1280.

[15] ZHANG Y F，TIAN Y C，KELLY W，et al. Application of simulated annealing to data distribution for all-to-all comparison problems in homogeneous systems ［C］//International Conference on Neural Information Processing. Cham：Springer，2015：683-691.

[16] 高燕军,张雪英,李凤莲,等.基于图覆盖的大数据全比较数据分配算法[J].计算机工程,2018,44(4)：17-22，27.

[17] LI L，GAO J，MU R. Optimal data file allocation for all-to-all comparison in distributed system：A case study on genetic sequence comparison ［J］. International Journal of Computers Communications and Control，2019，14(2)：199-211.

第5章 文件切分方案评价模型研究与构建

5.1 文件切分方案评价指标体系的建立

对于一个较大的基因序列文件,应将其切分为若干个小的文件,然后对切分后的文件进行两两比对[1]。假设将一个较大的基因序列文件切分为 m 个大小相同子文件,m 值的不同即切分文件个数不同会对分布式集群的存储性能、计算性能、节点的平均计算量产生影响。因此,建立文件切分方案评价指标体系,通过分析评价指标对文件切分方案进行优劣评价,即寻找最优的切分方案。文件最优的切分方案就是确定文件切分个数 m,使得文件分发到分布式集群中的各个节点后,进行基因序列比对的总体效率最优。要使得切分方案最优就要保证文件分发后,在满足数据本地化的前提下,达到分布式集群中各个节点的计算负载均衡、存储量最小和节点平均计算量最小。因此,影响分布式集群总体效率的指标包括以下 3 个方面。

(1) 计算负载均衡——集群中各个节点上分发到的任务量均衡,避免出现任务量上的节点先执行完成等待其他节点的情况。此处假定任务量与文件大小之间关系表达式为 $rw = f(size)$。

(2) 节点存储量最小——集群中各个节点上分发到的存储量越小越好且不超过计算机存储上限,使得整个集群占用的存储空间最小。

(3) 节点平均计算量最小——集群中各个节点上的计算量越小越好,使得整个集群的总体计算量最小。

文件分发后进行序列比对的集群总体效率最优设计问题是一个多目标

规划问题,要实现影响分布式集群总体效率的 3 个指标整体效果的最大化。因此首先需要对 3 个指标实现归一化处理。

当文件的切分份数 m 值确定之后,当前文件切分方案下的节点平均任务计算量、当前节点的任务计算量、节点平均存储量、当前节点的存储量、计算量下限(当前文件切分方案下各节点中分配的最小计算量)和节点平均计算量可以通过第 2 章构建的文件分发模型式(2-16)求得。

在寻找到相关影响指标的同时要对相关数据进行归一化处理[2]。

(1) 负载均衡的归一化处理。假设在文件切分数量为 $k(k=1,2,\cdots,m)$ 时的各节点平均任务计算量为 r_{nk},r_{ik} 表示当前节点的任务计算量,则不同切分数量下的当前任务负载均衡的归一化处理公式如式(5-1)所示。

$$\frac{\sum\limits_{i=1}^{n} |\, r_{ik} - r_{nk}\,|}{\max\limits_{k} \sum\limits_{i=1}^{n} |\, r_{ik} - r_{nk}\,|} \quad (k=1,2,\cdots,m) \tag{5-1}$$

(2) 节点存储量的归一化处理。假设在文件切分数量为 $k(k=1,2,\cdots,m)$ 时的各节点最小存储量为 $c_{\min}^{nk}$,则不同切分数量下的存储最小化归一化处理公式如式(5-2)所示。

$$\frac{c_{\min}^{nk}}{\max\limits_{k} c_{\min}^{nk}} \quad (k=1,2,\cdots,m) \tag{5-2}$$

(3) 节点平均计算量的归一化处理。在不同的当前文件切分方案下节点的平均计算量是不同的,假设 $j_{\min}$ 表示在不同切分数量下的计算量下限,j_{nk} 为当前分发方案下的节点平均计算量,则节点的平均计算量的归一化处理公式如式(5-3)所示。

$$\frac{j_{nk} - j_{\min}}{j_{\min}} \tag{5-3}$$

5.2　利用层次分析法建立文件切分模型

文件切分方案以确定切分后文件的个数 m 为目的来测定负载均衡、存储量和节点的平均计算量这 3 个指标,整个过程均需要评价者的参与。层次分析法是一种需要评价者做出相应反应或指示的综合评价方法,在层次分析法中,首先需要将与决策有关的元素划分到目标层、准则层、方案层[3-5],并在此基础之上进行定性和定量分析。层次分析法包括以下 5 个基本步骤。

步骤 1:建立层次结构模型。

步骤 2:构造成对比较阵。

步骤 3:计算权向量并做一致性检验。

步骤 4:计算组合权向量并做组合一致性检验。

步骤 5:进行决策。

根据层次分析法的基本过程,首先对文件切分方案建立层次结构模型,在建立层次结构模型之前,需要根据 3.1 节中的分析与描述构建层次分析法所需的因素集。所谓因素集就是将所有影响研究对象的因素集合起来。一般以 U 表示集合,假设影响因素有 n 个,因素集就表示为 $U=\{u_1,u_2,\cdots,u_n\}$,$u_i(i=1,2,\cdots,n)$表示的因素具有程度不同的模糊性。文件切分方案评价的影响因素有负载均衡、存储量、平均计算量,因此因素集 $U=\{u_1,u_2,u_3\}$,即 $U=\{$负载均衡,存储量,平均计算量$\}$。

模糊综合判定可分为一级模糊综合判定[6]和多级模糊综合判定[7]。本书主要使用一级模糊综合判定。一级模糊综合判定的基本方法和步骤如下。

1. 建立因素集

因素集是以影响判定对象的各种因素为元素所组成的一个普通集合,通

常用 U 表示,即 $U=\{u_1,u_2,\cdots,u_m\}$,$u_i(i=1,2,\cdots,m)$ 代表影响因素,这些因素可以是模糊的,也可以是非模糊的,但它们对因素集 U 的关系,要么 $u_i\in U$,要么 $u_i\notin U$,二者必居且仅居其一,因此因素集本身是普通集合。

2. 建立权重集

权重是一个相对的概念,是针对某一个指标而言的。某一个指标的权重是指该指标在整体评价中的相对重要程度。一般来说,各个因素的重要程度是不一样的。因此,应根据各因素的重要程度赋予相应的权重 $a_i(i=1,2,\cdots,m)$,并要求 $\sum\limits_{i=1}^{m}a_i=1$,$a_i>0$。由各权重所组成的集合 $A=(a_1,a_2,\cdots,a_n)$ 称为因素权重集,简称权重集。

3. 建立备择集(评价集、评语集)

备择集是评判者对评判对象可能作出的各种总的评判结果所组成的集合,通常用 V 表示,即 $V=\{v_1,v_2,\cdots,v_n\}$,v_i 表示各种可能的评判结果,如评判一个教师的素质,评判结果可分为很好、好、一般和差,则备择集 $V=\{$很好,好,一般,差$\}$。

4. 单因素模糊评价

单独从一个因素出发进行评判,以确定评判对象对备择元素的隶属程度,称为单因素模糊评判。

设评判对象按因素集中第 i 个因素 u_i 进行评判,对备择集中第 j 个元素 v_i 的隶属程度为 r_{ij},则按第 i 个因素 u_i 评判的结果为

$$R_i=(r_{i1},r_{i2},\cdots,r_{in})\quad(i=1,2,\cdots,m)$$

以各单因素评判结果为行组成的矩阵,称为单因素评判矩阵,即

$$\boldsymbol{R} = (r_{ij}) = \begin{bmatrix} r_{11} & r_{12} & \cdots & r_{1n} \\ r_{21} & r_{22} & \cdots & r_{2n} \\ \vdots & \vdots & & \vdots \\ r_{m1} & r_{m2} & \cdots & r_{mn} \end{bmatrix}$$

单因素评判矩阵是一个难点,主要是确定隶属度往往带有主观性,常用确定隶属度的方法有专家打分法、线性函数法(三角形法和梯形法)等。

5. 模糊综合评判

模糊综合评判就是综合考虑所有因素,得出正确的评判结果。

从单因素评判矩阵 $\boldsymbol{R}$ 可以看出: $\boldsymbol{R}$ 的第 i 行反映了第 i 个因素隶属于备择集各元素的程度,而 $\boldsymbol{R}$ 的第 j 列反映了所有因素隶属于备择元 v_j 的程度,若用第 j 列元素之和 $R_j = \sum_{i=1}^{m} r_{ij}$, $j=1,2,\cdots,n$ 来反映所有因素的综合影响,则并不能够同时考虑各因素的重要程度。若考虑到权重集,则便能合理地反映所有因素的综合影响,因此,$\boldsymbol{F}$ 综合评判可表示为

$$\boldsymbol{B} = \boldsymbol{A} * \boldsymbol{R} = (a_1, a_2, \cdots, a_m) * \begin{bmatrix} r_{11} & r_{12} & \cdots & r_{1n} \\ r_{21} & r_{22} & \cdots & r_{2n} \\ \vdots & \vdots & & \vdots \\ r_{m1} & r_{m2} & \cdots & r_{mn} \end{bmatrix} = (b_1, b_2, \cdots, b_n)$$

$b_j = \{b_1, b_2, \cdots, b_n\}$ 称为 $\boldsymbol{F}$ 综合评判指标,简称评判指标。b_j 的含义是:综合考虑所有因素的影响时,评判对象对备择元 v_j 的隶属度。

在 $\boldsymbol{B} = \boldsymbol{A} * \boldsymbol{R}$ 中,运算"$*$"的取法不同,结果也不完全相同,但相差不大。"$*$"的取法主要有如下几种:

模型Ⅰ: $M(\wedge, \vee) b_j = \bigvee_{i=1}^{m} (a_i \wedge r_{ij}) (j = 1, 2, \cdots, n)$

这里"$\wedge$""$\vee$"表示取小、取大运算。

模型Ⅱ: $M(\cdot, \vee) b_j = \bigvee_{i=1}^{m} (a_i \cdot r_{ij}) (j = 1, 2, \cdots, n)$

这里"·"是普通乘法。

模型Ⅲ：$M(\wedge, \oplus)b_j = \min\{1, \sum_{i=1}^{m}(a_i \wedge r_{ij})\quad(j=1,2,\cdots,n)\}$

模型Ⅳ：$M(\cdot, \oplus)b_j = \min\{1, \sum_{i=1}^{m}(a_i \cdot r_{ij})\quad(j=1,2,\cdots,n)\}$

模型Ⅴ：指数模型 $b_j = \bigwedge_{i=1}^{m} r_{ij}^{a_i}$

模型Ⅰ是一种制约性主因素突出型模型，不宜应用于因素太多或太少的情况。

模型Ⅱ和模型Ⅲ与模型Ⅰ比较，能较好地反映单因素评价结果和因素的重要程度。

模型Ⅳ不仅考虑了所有因素的影响，而且保留了单因素评判的全部信息，该模型称为加权平均型模型，在实践中常常用该模型。

模型Ⅴ的最大特点是评判对象的综合评判指标等于所有 $r_{ij}^{a_i}$ 的最小值，因此为了有效提高评判对象的综合评判指标，务必全面改善所有单因素指标才能达到目的，该模型是一种制约性全面促进型模型。在实际应用时，根据问题的要求，选择恰当的模型进行运算。

6. 评判指标的处理

对评判指标 $b_j = \{b_1, b_2, \cdots, b_n\}$，可根据以下几种方法确定评判对象的具体结果。

（1）最大隶属度法[8]。若 $b_l = \max\{b_1, b_2, \cdots, b_n\}$，则评判结果隶属于 v_l。

（2）加权平均法[9]。取以 b_j 为权重，对各个备择元素 v_j 进行加权平均的值为评判结果，即

$$V = \frac{\sum_{j=1}^{n} b_j v_j}{\sum_{j=1}^{n} b_j}$$

此法要求将 v_j 中非数量性备择元素数量化。

（3）F 分布法[10]。对 b_j 进行归一化，令 $b = \sum\limits_{j=1}^{n} b_j$，则第 i 个指标归一化处理之后的和 B_i' 为

$$B_i' = \frac{b_1}{b} + \frac{b_2}{b} + \cdots + \frac{b_n}{b} = b_1' + b_2' + \cdots + b_n'$$

这样，b_j' 反映了评判对象在所评判的特性方面的分布状态，即所占的百分比。

通过分析得知，对文件切分方案评价的目标为对文件切分方案优劣进行综合评价，将其作为递阶层次结构最高层的元素。采用一种文件切分方案，在分布式集群环境下按照第 2 章式（2-12）和式（2-16）所示的文件分发模型实现文件分发之后，完成所有文件的两两比对任务，分布式集群整体性能是评价该切分方案优劣的唯一标准。影响分布式集群整体性能的主要因素包括各个节点的计算负载是否均衡、各个节点被分配文件存储量是否最小和各个节点的平均计算量是否最小 3 方面，即文件切分方案综合评价所需要考虑的准则。负载均衡 U_1、存储量 U_2、节点平均计算量 U_3 这 3 个指标共同构成了准则层元素的集合，上述准则对目标实现的重要程度可能不同，但是彼此之间独立，不存在支配关系，因此它们是有优先级顺序的同级关系。确定文件切分的个数 m 作为实现对文件切分方案优劣进行综合评价这个目标的措施方案，即将文件切分为大小尽可能均匀的 $k(k = 1, 2, \cdots, m)$ 份，放置在层次结构模型的最底层。

明确各个层次的因素及其位置后，将它们之间的关系用连线连接起来，构成递阶层次结构，如图 5.1 所示。

假设 3 个目标 U_1、U_2、U_3 的重要程度分别为 a_1、a_2、a_3，这 3 个系数可以由层次分析方法等确定得出，则当前文件切分方案的评价模型如式（5-4）所示。

$$\min_k \left(a_1 \frac{\sum\limits_{i=1}^{n} | r_{ik} - r_{nk} |}{\max\limits_k \sum\limits_{i=1}^{n} | r_{ik} - r_{nk} |} + a_2 \frac{c_{\min}^{nk}}{\max\limits_k c_{\min}^{nk}} + a_3 \frac{j_{nk} - j_{\min}}{j_{\min}} \right) \quad (5\text{-}4)$$

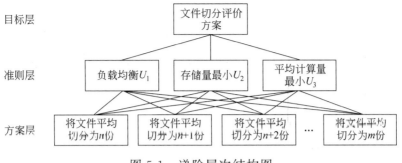

图 5.1　递阶层次结构图

同样对各个子指标也通过专家打分的方式获取到对应的权重。特别地，如果假定 3 个目标的重要程度是相等的，则目标函数变成如式(5-5)所示。

$$\min_{k}\left(\frac{1}{3}\frac{\sum\limits_{i=1}^{n}\mid r_{ik}-r_{nk}\mid}{\max\limits_{k}\sum\limits_{i=1}^{n}\mid r_{ik}-r_{nk}\mid}+\frac{1}{3}\frac{c_{\min}^{nk}}{\max\limits_{k}c_{\min}^{nk}}+\frac{1}{3}\frac{j_{nk}-j_{\min}}{j_{\min}}\right) \quad (5\text{-}5)$$

由于 3 个目标同等重要，因此无须进行构造成对比较矩阵，也无须进行步骤三、步骤四。

5.3　文件切分最优个数的确定

在确定文件切分评价模型后，根据现有节点个数 n 及不同切分数量可以筛选出最优的文件切分数量 m。其具体确定公式如式(5-6)所示。

$$m=\mathrm{opt}\left(\min_{k}\left(\frac{1}{3}\frac{\sum\limits_{i=1}^{n}\mid r_{ik}-r_{nk}\mid}{\max\limits_{k}\sum\limits_{i=1}^{n}\mid r_{ik}-r_{nk}\mid}+\frac{1}{3}\frac{c_{\min}^{nk}}{\max\limits_{k}c_{\min}^{nk}}+\frac{1}{3}\frac{j_{nk}-j_{\min}}{j_{\min}}\right)\right)$$

$$(5\text{-}6)$$

文件切分个数 m 值确定算法具体计算步骤如下。

第一步：利用式(2-12)所示文件分发模型确定最优的均衡化任务分配方

案,并计算出分布式集群中计算量最大节点的总计算量 $c_{\max}$。

第二步:利用式(2-16)所示文件分发模型计算获得分布式集群中在每个节点的最大计算量不变的情况下,使得各个节点的总存储量最小化的任务重新分发方案。

第三步:在当前分布式集群中节点数量 n 不变的情况下,进一步计算不同切割数量下的相关优化结果的取值。

第四步:利用 3.1 节中的方法处理各项优化数据,并利用相关评价方法计算出最优 m 值。

文件切分个数 m 值确定算法相关伪代码详细描述见表 5.1。

表 5.1　m 值确定算法相关伪代码详细描述

输入:假定的 m 值
输出:集群存储占用总和、计算量总和、误差总和

```
%定义并初始化变量参数
n←分布式集群数量
s←文件大小
m←切分文件数量
for i=m1 to m2 do
    m←i+n;
    %将文件切分为 m 等份
    s←1/m * ones(m,1);
    %在当前切分数量下计算出最优任务指派方案
    [result,deci,result1,scqk,scdx]←taskassign_n(m,n,s);
    x←result1(:,length(result1(1,:)));
    y←abs(x−sum(x)/length(x));
    %计算在当前切分数量下计算量 r1,计算量误差 r2 和存储量总和 r3
    r1(i),r2(i),r3(i)←sum(x,y,scdx);
end for
q←三个目标的权重;
%标准化处理
rs3,rs2,rs1←normalized(r3,r1,r2);
%总体评价结果
reuslt←q(1) * rs3+q(2) * rs2+q(3) * rs1;
```

在文件切分个数 m 值确定的实验中基于计算的方便,假定将一个充分大的基因序列文件等份的切分成 m 份,并通过相关理论寻找最优的 m 取值。假定分布式集群中节点数量分别为 3、4、5 的不同切分大小情况下,计算获得了存储大小总和、计算量总和、误差总和大小等相关数据的取值情况及其对应评价结果。具体结果见表 5.2、表 5.3 和表 5.4。

表 5.2　节点数为 3 时对应评价结果

m 取值($n=3$)	4	5	6	7	8	9	10
存储大小总和	0.75	0.666 667	0.722 222	0.714 286	1	1	1
计算量总和	0	0.333 333	0.666 667	1	1.333 333	1.666 667	2
误差总和大小	0	0.8	0	0	1	0	0
评价分值	0.250	0.544	0.333	0.405	0.889	0.611	0.667

表 5.3　节点数为 4 时对应评价结果

m 取值($n=4$)	5	6	7	8	9	10	11
存储大小总和	0.8	0.833 333	0.809 524	0.833 333	0.888 889	1	1
计算量总和	0	0.25	0.5	0.75	1	1.25	1.5
误差总和大小	1	0.416 667	1.071 429	0	0	0.5	0.227 273
评价分值	0.600	0.472	0.738	0.444	0.519	0.778	0.742

表 5.4　节点数为 5 时对应评价结果

m 取值($n=5$)	6	7	8	9	10	11	12
存储大小总和	1	0.857 143	0.825	0.833 333	0.84	0.845 455	0.9
计算量总和	0	0.2	0.4	0.6	0.8	1	1.2
误差总和大小	0	0.964 286	0.5625	1	0	0	0.5625
评价分值	0.333	0.663	0.574	0.778	0.502	0.560	0.821

通过上述的结果评价数据表可以看出文件的切分数量越高,其计算总量越大;存储总量大小随切分数量的大小而动态变化,但总体而言切分数量较小时的存储量相对较小;切分的误差总和存在一定的周期性变化,但在较小规模时基本能够找到分配完全均衡的结果。因此,可以认为在计算量较为均衡的情况下文件的切分数量越少越好。

5.4 文件切分算法设计

对一个大的基因序列文件进行切分,为了保证每个子任务量尽量平均且不破坏文件格式,文件按照行来读取,以保证切分后每个子文件尽量相同。采用这种方式进行文件切分可以在不添加空行的情况下,使切分后每个文件大小相差在 3 行以内(每行最多 80 个字符)。

5.4.1 文件切分算法设计

基因序列文件格式包括 fasta 和 fastq 两种,其切分算法流程设计如下所述。

1. fasta 文件切分算法流程

步骤 1:读取文件前几行,判断该文件是 fasta 格式还是 fastq 格式;

步骤 2:读取本地文件,获取文件总长度,根据切分个数 m,计算每个子文件容量平均值(近似值);

步骤 3:按行读取文件文本并写入子文件中,文件容量达到平均值时,将文本写入下一个子文件中;

步骤 4:循环判断子文件第一行是否有">"字符,如果没有则删掉当前子文件第一行的文本,将其写入上一个子文件的末尾,否则判断下一个子文

件,直到所有子文件的第一行都含有">"字符;

步骤 5:得到所有格式完整的子文件。

2. fastq 文件切分算法流程

步骤 1:读取文件前几行,判断该文件是 fasta 格式还是 fastq 格式;

步骤 2:读取本地文件,获取文件总长度 L,根据切分个数 m,计算每个子文件容量平均值 A(近似值);

步骤 3:按行读取文件文本并写入子文件中,文件容量达到平均值时,将文本写入下一个子文件中;

步骤 4:循环判段子文件第一行的信息是否有"@"字符,如果没有则根据第一行的信息,行添加或删除文本,以保证格式的完整,否则判断下一个子文件,直到所有子文件的第一行都含有@字符;

步骤 5:得到所有格式完整的子文件。

5.4.2　切分算法流程图设计

文件切分算法流程如图 5.2 所示。

5.4.3　文件切分实验

1. fastq 文件切分实验

实验选取原始文件为 PPV2.fq,利用上述文件切分算法将大文件 PPV2.fq 切分成个数 m 为 15 的小文件。切分后子文件名为"原始文件名+子文件序号"。原始文件大小为 2 065 951KB,切分后每个文件大小为 137 730.5KB,误差不大于 1KB。切分效果如图 5.3 所示。

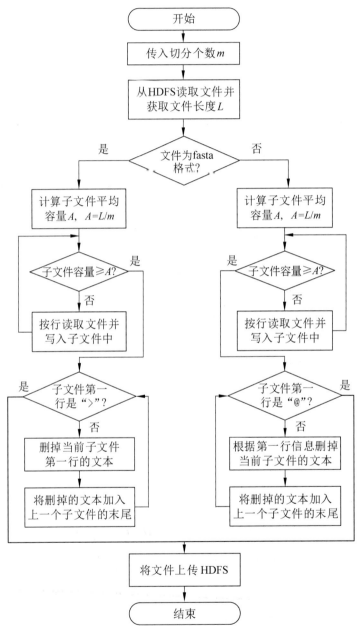

图 5.2　切分算法流程图

PPV2.fq	2019/3/18 22:40	FQ 文件	2,065,951 KB
PPV2.fq1	2019/3/28 17:44	FQ1 文件	137,730 KB
PPV2.fq2	2019/3/28 17:44	FQ2 文件	137,731 KB
PPV2.fq3	2019/3/28 17:44	FQ3 文件	137,731 KB
PPV2.fq4	2019/3/28 17:44	FQ4 文件	137,731 KB
PPV2.fq5	2019/3/28 17:44	FQ5 文件	137,730 KB
PPV2.fq6	2019/3/28 17:44	FQ6 文件	137,731 KB
PPV2.fq7	2019/3/28 17:44	FQ7 文件	137,730 KB
PPV2.fq8	2019/3/28 17:44	FQ8 文件	137,731 KB
PPV2.fq9	2019/3/28 17:44	FQ9 文件	137,730 KB
PPV2.fq10	2019/3/28 17:44	FQ10 文件	137,731 KB
PPV2.fq11	2019/3/28 17:44	FQ11 文件	137,731 KB
PPV2.fq12	2019/3/28 17:44	FQ12 文件	137,731 KB
PPV2.fq13	2019/3/28 17:44	FQ13 文件	137,730 KB
PPV2.fq14	2019/3/28 17:44	FQ14 文件	137,731 KB
PPV2.fq15	2019/3/28 17:44	FQ15 文件	137,730 KB

图 5.3　fastq 文件切分效果图

2. fasta 文件切分实验

实验选取原始文件为 SRR6466813.fasta,利用上述文件切分算法将大文件 SRR6466813.fasta 切分成个数 m 为 10 的小文件。切分后子文件名为"原始文件名＋子文件序号"。原始文件大小为 99 666KB,切分后每个文件大小为 9967KB,误差不大于 1KB。切分效果如图 5.4 所示。

SRR6466813.fasta	2019/3/20 10:16	FASTA 文件	99,666 KB
SRR6466813.fasta1	2019/4/17 14:20	FASTA1 文件	9,967 KB
SRR6466813.fasta2	2019/4/17 14:20	FASTA2 文件	9,967 KB
SRR6466813.fasta3	2019/4/17 14:20	FASTA3 文件	9,967 KB
SRR6466813.fasta4	2019/4/17 14:20	FASTA4 文件	9,967 KB
SRR6466813.fasta5	2019/4/17 14:20	FASTA5 文件	9,967 KB
SRR6466813.fasta6	2019/4/17 14:20	FASTA6 文件	9,967 KB
SRR6466813.fasta7	2019/4/17 14:20	FASTA7 文件	9,967 KB
SRR6466813.fasta8	2019/4/17 14:20	FASTA8 文件	9,967 KB
SRR6466813.fasta9	2019/4/17 14:20	FASTA9 文件	9,967 KB
SRR6466813.fasta10	2019/4/17 14:20	FASTA10 文件	9,967 KB

图 5.4　fasta 文件切分效果图

5.5　文件合并算法

针对 m 个大小相差很大的基因序列文件进行文件分发时,很难实现计算负载均衡和存储均衡。为了解决这一问题,可以将同类格式的文件先进行合并形成一个大文件,然后将其切分为大小相差不大的若干个文件。

5.5.1　文件合并算法设计

　　针对大文件的合并,采用 Java nio 库的 FileChannel 类中的方法。与 BufferedStream 类先从文件系统中读取数据到内存中,之后再写入文件系统的合并操作相比,FileChannel 类可以操作系统直接从文件缓存传输字节,速度比传统的 BufferedStream 合并操作快很多。为了保持 fastq 和 fasta 文件的格式,在两两文件进行合并操作时需在第一个文件的末尾添加换行符。文件合并算法流程如图 5.5 所示。

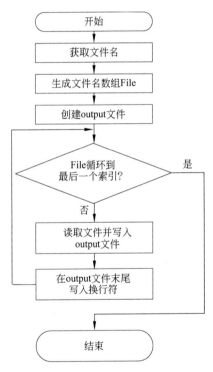

图 5.5　文件合并算法流程图

5.5.2　文件合并算法实验

1. fastq 文件合并

实验选取原始文件 Test1.fq、Test2.fq、Test3.fq，文件大小分别为 2 065 951KB、206 595KB、20 660KB，将上述 3 个文件进行合并形成文件 output.fq。合并效果如图 5.6 所示。

output.fq	2019/4/21 19:10	FQ 文件	2,293,205 KB
Test1.fq	2019/4/21 19:10	FQ 文件	2,065,951 KB
Test2.fq	2019/4/21 19:10	FQ 文件	206,595 KB
Test3.fq	2019/4/21 19:10	FQ 文件	20,660 KB

图 5.6　fastq 文件合并效果图

2. fasta 文件合并

实验选取原始文件 Test1.fa、Test2.fa、Test3.fa，文件大小分别为 996 656KB、99 666KB、9967KB，将上述 3 个文件进行合并形成文件 output.fasta。合并效果如图 5.7 所示。

output.fasta	2019/4/21 19:03	FASTA 文件	1,106,288 KB
Test1.fasta	2019/4/21 19:03	FASTA 文件	996,656 KB
Test2.fasta	2019/4/21 19:03	FASTA 文件	99,666 KB
Test3.fasta	2019/4/21 19:03	FASTA 文件	9,967 KB

图 5.7　fastq 文件合并效果图

5.6　本章小结

本章针对大文件切分方案，通过对节点计算负载均衡、节点存储量最小且不超过上限、节点的平均计算量最小等目标进行归一化处理，根据实际应用情况设定各个目标重要程度系数，构建了文件切分评价模型并设计切分方

案中 m 值的确定算法。对文件切分算法和文件合并算法进行了研究。

参考文献

[1] 王鹏,周岩.面向高性能应用的 MPI 大数据处理[J].计算机应用,2018,38(12)：3496-3499,3508.

[2] 黄伟华,马中,戴新发,等.QoS 驱动的虚拟集群自适应负载均衡算法[J].计算机工程与设计,2017,38(10).2723-2728,2831.

[3] 李东明,葛昊.基于层次分析法的水稻信息系统模糊综合评价模型的构建与验证[J].重庆理工大学学报(自然科学),2020,34(7)：212-219.

[4] 刘晓悦,杨伟,张雪梅.基于改进层次法与 CRITIC 法的多维云模型岩爆预测[J].湖南大学学报(自然科学版),2021,48(2)：118-124.

[5] 王宗杰,郭举.基于熵权层次分析法的云平台负载预测[J].计算机工程与设计,2021,42(1)：263-269.

[6] 张伯强,席北斗,高柏,等.基于层次分析法的模糊综合评判在危险废物填埋场场址比选中的应用[J].环境工程技术学报,2016,6(3)：275-283.

[7] 杨伯忠,杨静宇.战场目标威胁程度多级模糊综合评判分析[J].弹道学报,2004(4)：92-96.

[8] 王金星,汪海涛,姜瑛,等.基于三角模糊数层次分析法的软件质量评价模型研究[J].计算机与数字工程,2017,45(9)：1693-1697.

[9] 英战勇.海绵城市道路雨水系统综合评价探析[J].水利水电技术,2020,51(增刊1)：14-20.

[10] 林金官.F 分布与物种总数的统计推断[J].生物数学学报,1998(4)：466-471.

第6章　面向全比较问题的分布式文件分发框架构建

6.1　分布式文件分发框架结构设计

分布式文件分发框架采用大数据开源框架 Hadoop[1]、YARN 框架[2]、HDFS[3]、ZooKeeper[4]、Java 软件开发技术等进行设计与实现。系统采用 VMware Workstation 10 模拟集群环境,CentOS 6.8 模拟集群节点,整个系统运行在 JVM 上,系统运行数据存储在 MySQL 5.0 数据库中,服务器采用 Tomcat 7.0,分发策略的计算采用 lpsolve 框架,文件传输采用 trilead-ssh 框架。分布式文件分发框架结构如图 6.1 所示。

通过图 6.1 可以看出,程序主要由 3 个模块组成:配置信息模块、文件切分模块和文件分发模块。配置信息模块主要是指定一些运行参数,供文件切分模块和文件分发模块使用。文件切分模块用来切分需要进行全比较任务的大文件。文件分发模块实现计算均衡和最优化存储需要将全比较任务所涉及的文件进行合理分配,使得分发到集群中各个节点的文件利用率达到佳,计算比较任务的分配情况及文件分发的策略。

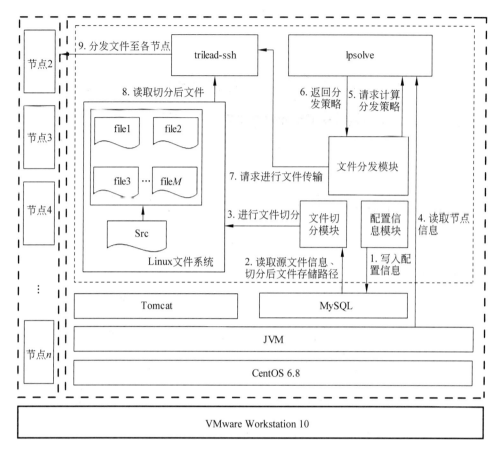

图 6.1 分布式文件分发框架结构图

6.2 文件分发策略计算

为了进行文件的分发,首先需要对分发策略进行计算,计算完成后,使用并行的思想将文件从 HDFS 系统发至各个节点继续存储。在求取分发策略之前,需要先从 HDFS 系统读取目标文件夹中文件的详细信息,以便进行分发模型所需参数的初始化。将文件个数、节点个数、文件大小列表输入文件模型,模型内部使用整数线性规划算法进行策略的计算,进而可以得到文件地址与节点的对应关系表。在得到文件地址与节点的对应关系表后,使用文件传输工具包,将从 HDFS 上获取到的文件传到对应的节点上。其具体流程如图 6.2 所示。

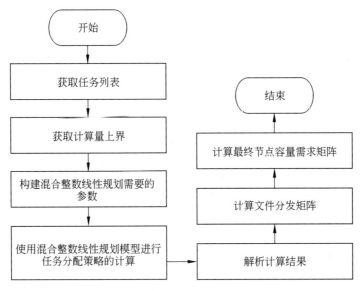

图 6.2　文件分发策略计算流程图

（1）从 HDFS 上获取文件的个数、大小列表、节点个数。

（2）保证参数数量、取值类型的完整性。

（3）创建任务矩阵,任务矩阵包含任务编号、文件编号 1、文件编号 2、任务计算量 4 个属性,任务编号将作为任务的标记被分配给具体的计算节点,任务计算量用于求解节点的计算量。

（4）计算节点平均任务量大小,文件分发模型的目标函数是使得分布式系统执行全比较任务时实现或尽可能实现负载均衡,因此需要有一个标杆来与单个节点的任务量做比较,节点平均任务量能够很好地起到标杆的作用。

（5）创建目标函数,目标函数携带决策变量的系数矩阵;创建下标数组、等式约束条件系数矩阵;创建上界与下界,上界与下界约束了变量的取值范围。

（6）使用混合整数线性规划模型进行任务分配策略的计算。

（7）获取任务编号与节点的对应关系，由混合整数线性规划模型得到的是一组取得最优解下的变量的值。在这一步，需要将这一组值与任务矩阵对应起来得到任务编号与节点的对应关系。

（8）获取文件地址与节点的对应关系，在得到任务编号与节点的对应矩阵后，接下来就需要将文件的地址与节点进行对接，以获得要往每个节点上发送的文件的地址。

文件分发策略计算序列图如图 6.3 所示。

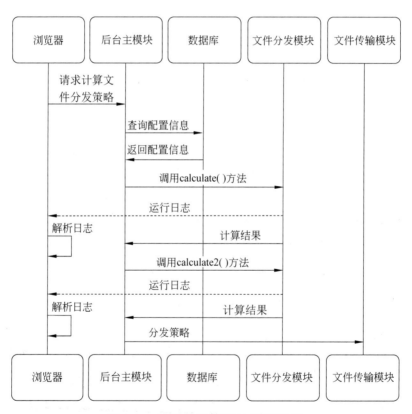

图 6.3　文件分发策略计算序列图

6.3　文件传输

完成分发策略的计算后,系统从数据库中读取相关的配置信息,生成文件绝对地址与节点对应的矩阵,调用 shell 文件生成模块,为每一个节点生成专属的文件拉取脚本文件 sh,使用 trilead-ssh 开源项目将脚本文件 sh 发送到对应节点的指定位置,并触发其执行,在执行完毕后,将脚本文件 sh 删除掉,以便于进行下一次计算。文件传输[5]有两种模式,即串行传输与并行传输。

1. 串行传输文件的主要流程

(1) 接收分发策略。

(2) 获取数据库相关配置信息。

(3) 生成绝对地址与节点对应的矩阵。

(4) 为节点定制生成 shell 文件,目的是使得节点去取自己需要的文件,而不需要服务器一台一台地往外节点上推。

(5) 每一次生成 shell 文件后,将 shell 文件写到对应节点上。

(6) 完成第(5)步之后,系统通知节点执行 shell 脚本。

(7) 传输完成后,系统通知节点删除 shell 脚本。

(8) 为所有节点依次执行第(4)至第(7)步。

2. 并行传输文件的主要流程

(1) 接收分发策略。

(2) 获取数据库相关配置信息。

(3) 生成绝对地址与节点对应的矩阵。

(4) 为节点定制生成 shell 文件,目的是使得节点去取自己需要的文件,而不需要服务器一台一台地往外节点上推。

（5）每一次生成 shell 文件后，将 shell 文件写到对应节点上。

（6）完成第(5)步之后，系统通知节点执行 shell 脚本。

（7）传输完成后，系统通知节点删除 shell 脚本。

（8）将第(5)至第(7)步封装到多线程程序中，当执行完第(3)步时，触发多线程程序，让所有的节点同时执行文件传输工作。

文件传输过程的流程图表示如图 6.4 所示。

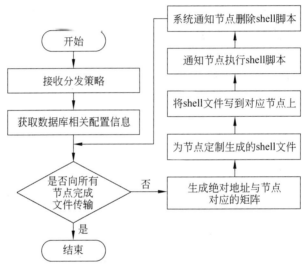

图 6.4　文件传输过程流程图

6.4　系统实现

6.4.1　实现概述

系统采用传统的 MVC 模型[6]，将配置参数抽象化为数据模型，用户交互界面利用 JSP 技术进行呈现，用户与后端的数据交互使用 AJAX 进行动态加载。整个实验的进行依托于开源项目 Nutz 提供的默认控制器进行相关功能的调配。

服务器架构采用主流的 B/S 架构。文件的存储方式为本地化存储,即将需要操作的原始文件放到服务器上。文件的传输借助 SSH 协议进行 scp 传输,传统的传输思路是将文件从一台机器推到其他机器,而在本系统中的传输思路是需要文件的机器使用 scp 命令到目标机器去取,这样做的好处是可以在一定程度上提高文件传输的速度。由于系统产生的数据量较小,且需要数据库的及时响应,故选择 MySQL 数据库作为系统的存储介质。系统的运行依托的服务器是 Tomcat。

在进行文件切分时,使用了通道传输技术,不需要将数据完全加载到内存中,使得文件在 I/O 通道中就完成了文件的切分任务。

在进行文件分发时,使用了基于 lpsolve 开源项目的混合整数线性规划算法计算最优的分发策略;利用二维数组和 Java 集合模拟矩阵存储;在并行传输任务的调度计算中,使用了多线程技术。

在进行文件传输时,使用了 trilead-ssh2 开源项目进行 shell 脚本的分发,脚本的执行,以及在脚本执行完毕删除脚本。

6.4.2 实现描述

系统选用 Java 语言进行实现,利用 Nutz 框架作为依托,Eclipse 作为开发工具,实现 Nutz 框架的基础模块及配置要求。在项目的 src 目录下创建一个包用于存放 Nutz 框架的主调度模块和主配置模块。同时在 src 的同级目录下创建 conf/ioc 目录,用于存放数据库连接池配置信息,创建并实现相关模块。在 web.xml 文件中配置 Nutz 所要求的过滤器和主模块等信息。

基于以上配置,现对系统结构进行设计,设计一个主控制模块用于整体功能的调度,实验的临时数据的格式信息封装在 Bean 模块中。对于基因数据大文件,进行比较之前,先将文件进行切分,切分后再进行比较,这样可以缩短比较时间。因此,可以将切分功能封装成一个独立的模块。切分完成之后,需要做的就是将切分后的子文件分发到集群的各个计算节点,并将比较任务分配信息存入数据库,供后期扩展实验进行使用。在这里,本书将分发策略的计算封装到一个模块,将文件的传输封装到另一个模块。模块对应关系如图 6.5 所示。

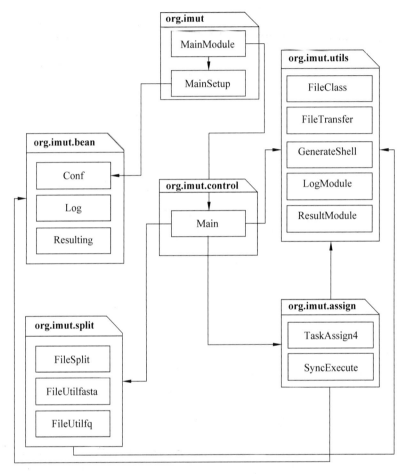

图 6.5　模块对应关系图

根据功能,将模块划分到如图 6.5 所示的包内,部分模块的功能描述如下。

Main:调用的入口,通过该模块,用户可以调用修改配置信息,文件切分模块,文件分发模块。

FileClass：这个模块包含 3 个功能。读取文件名列表：读取指定文件夹中的文件列表，以列表的形式返回。读取文件大小列表：读取文件大小列表，以列表的形式返回。读取文件个数：获取文件个数。

GenerateShell：通过字符串拼接技术，将节点名、用户名、用户密码、目标目录等信息拼接成 shell 字符流。

FileTransfer：该模块可以与将生成的批处理文件发送到指定节点的指定位置，执行 shell 脚本，删除集群节点上的文件。

LogModule：该模块可以将日志插入到数据库，按 ID 对日志进行查询，按操作方式字段进行查询，清空指定操作方式字段的日志，获取节点数量。

ResultModule：该模块用于查询分发策略的结果，便于用户查看分发策略执行的效果。

TaskAssign4：该模块实现了文件分发策略模型和混合整数线性规划模型，并完成了分发策略计算结果的解析。

SyncExecute：该模块使得集群中的计算节点可以并发执行文件传输任务。

FileUtilfasta：用于切分 fasta 类型的基因文件。

FileUtilfq：用于切分 fq 类型的基因文件。

Conf：配置信息 Bean。

Log：日志信息 Bean。

Resulting：计算结果 Bean。

6.5　相关实验

6.5.1　实验环境

实验的硬件环境采用 VMware Workstation 10 虚拟化平台。处理器总核心数为 2，内存容量为 2GB，硬盘容量 20GB。软件环境使用了 Tomcat 7.0 作为服务器,数据库及其版本为 MySQL 5.6.24,Java 运行时环境使用的是 jdk1.8.0_11。
实验环境配置描述见表 6.1。

表 6.1　实验环境配置描述

实　验　环　境	
集群节点数量	5 台
基础平台	VMware Workstation 10
CPU 核心数	2 核
内存容量	2GB
硬盘容量	20GB
JDK 版本	jdk1.8.0_11
服务器	apache-tomcat-7.0.94
数据库	MySQL 5.6.24

6.5.2　分布式文件分发系统原型系统介绍

在本小节中,我们将会对分布式文件分发系统的使用做相关介绍。本次
测试使用的数据文件是大小为 90MB 的基因序列文件。

打开浏览器,在地址栏输入项目的部署地址"http://hadoop101:8080/
fileProcessWeb"。将系统部署在本地虚拟机的 Tomcat 服务器,虚拟机的 IP
地址已经和域名 hadoop101 进行绑定,并在本地的 host 文件中做了相应修
改,设置的 Tomcat 服务器端口号为 8080,项目名称为 fileProcessWeb。系统
首页如图 6.6 所示。

进入系统后,首先我们需要进入修改配置文件界面,需要对文件分发框
架的相关参数进行配置,以便切分程序和分发程序使用。单击"修改配置文

图 6.6　系统首页

件"按钮,即可完成页面的跳转,如图 6.7 和图 6.8 所示。

　　在本小节中,原始大文件 SRR6466813.fasta 存放在服务器上的/temp/上面,希望通过切分将 SRR6466813.fasta 切分成 10 个文件,切分后的小文件存放在服务器上的/output_fa 目录下。为了进行文件的传输,系统自动生成了 shell 脚本,让需要文件的节点自动到当前服务器上来取。参数 syncfile 表示的是 Linux 系统批处理文件的名字,为了让 shell 文件可以在节点上直接被执行,需要将 syncfile 放到/usr/local/bin/目录下,这个参数是不建议更改的。接下来,对当前分布式集群环境下节点的个数及节点的名字,节点的 root 用户名与密码进行配置。接着设置节点需要将进行比较的文件存放的位置,为了统一管理和调度,这个位置在每个节点上都是相同的,在这里将其指定为:/data_transfer_fa_sque/。接下来将指定一下小文件存放的主机名,即当前服务器的名称。配置完成后,单击"保存"按钮。

　　在完成相关参数的配置后,下面将对文件切分功能进行测试。单击"文件切分"按钮对文件进行切分。

修改配置文件	修改配置文件
切分源文件所在地址	切分源文件所在地址 /temp/SRR6466813.fasta
切分后文件存储位置	切分后文件存储位置 /output_fa
切分文件的个数	切分文件的个数 10
shell文件的名字	shell文件的名字 syncfile
shell文件所在的位置（不可更改）	shell文件所在的位置（不可更改） /usr/local/bin/
集群节点个数	集群节点个数 5
节点名字（以英文模式下的逗号分隔）	节点名字（以英文模式下的逗号分隔） hadoop101,hadoop102,hadoop103,hadoop104,hadoop105
分发后文件位置	分发后文件位置 /data_transfer_fa_sque/
分发程序源文件所在地址	分发程序源文件所在地址 hadoop101
集群节点用户名	集群节点用户名 root
集群节点密码	集群节点密码 123456

图 6.7　配置之前的页面　　　　　　图 6.8　配置完成的页面

当系统提示切分成功之后，会弹出一个提示框，提示切分成功，如图 6.9

图 6.9　完成文件切分

所示,用户可以单击"回到首页"按钮立马进行页面的跳转。如果提示框关闭了,我们可以在切分页面单击"切分完成"按钮,会出现一个提示框,单击"回到首页"按钮即可跳转至主页。

在完成文件切分后,首先来进行串行分发实验。在首页单击"串行分发文件"按钮,即可执行串行分发操作,如图 6.10 所示。

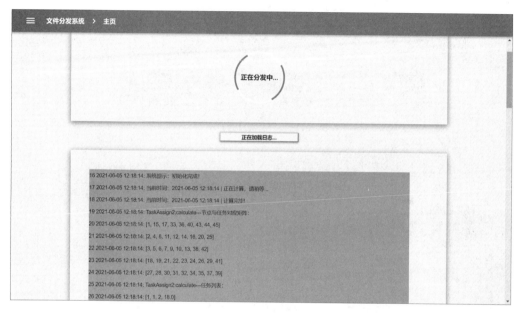

图 6.10　串行分发

在进行串行分发时,可以看到,系统会将分发过程中的日志记录加载到页面。分发完成后,能够看到"正在加载日志"变成"串行分发完成"。单击该按钮,在弹出的提示框内单击"回到首页"按钮,如图 6.11 所示。

接下来查看一下分发策略的计算结果,单击首页上的"上一次计算结果"按钮,可以看到上一次的计算结果如下。

图 6.12 所示的是上一次数据分发时的任务列表,包含标识任务的任务编号,参与具体比较运算的文件 1 和文件 2,以及对任务大小的估计值。

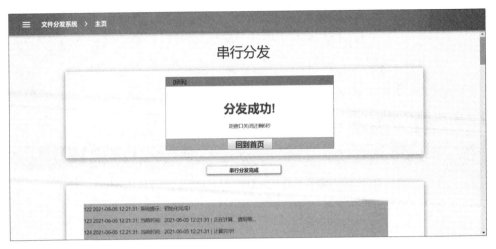

图 6.11　完成串行分发

分发策略计算相关结果

任务列表

任务编号	文件序号1	文件序号2	任务大小
1	1	2	18.0
2	1	3	18.0
3	1	4	18.0
4	1	5	18.0
5	1	6	18.0

图 6.12　任务列表

图 6.13 展示的是基于整数线性规划的数据分发策略的原始模型的任务分发结果,以及模型优化后的任务分发结果。其中 result 列表所示的是原始的数据分发模型所产生的任务安排情况,result2 列表所示的是优化模型所产

生的任务安排情况。从这两个表的最后一列可以看出，在模型优化前后，文件分发系统保持了任务量的负载均衡。

result列表

节点				任务编号						计算量
节点1	1	15	17	33	36	40	43	44	45	162
节点2	2	4	8	11	12	14	16	20	25	162
节点3	3	5	6	7	9	10	13	38	42	162
节点4	18	19	21	22	23	24	26	29	41	162
节点5	27	28	30	31	32	34	35	37	39	162

result2列表

节点				任务编号						计算量
节点1	4	7	12	15	19	22	25	28	33	162
节点2	3	27	29	30	31	32	34	35	36	162
节点3	5	9	11	13	17	18	20	24	26	162
节点4	1	2	6	8	10	14	16	21	23	162
节点5	37	38	39	40	41	42	43	44	45	162

图 6.13　任务分配结果

图 6.14 所示的是基于计算均衡与存储优化后的文件与节点对应关系表和所需容量表。scqk 列表所示的是在保证计算均衡和存储最优的情况下，文件与节点的对应表。1 表示将对应的文件发往该节点，0 表示对应的文件不往该节点发。在计算均衡和存储最优的情况下，各个节点完成所分配的比较任务所需的存储数据文件的空间情况如 scdk 列表所示。如果按照传统的数据分发方式，每个节点将需要 90MB 的存储空间，而在使用分布式文件分发

系统进行数据分发时,每个节点对存储空间的需求将明显降低。

scqk列表

节点	对应文件是否发送到该节点【发: 1, 不发: 0】									
节点1	1	1	1	1	1	0	0	1	0	0
节点2	1	0	0	1	1	1	1	0	1	1
节点3	1	1	1	1	0	1	0	0	0	1
节点4	1	1	1	0	0	0	1	0	1	0
节点5	0	0	0	0	0	1	1	1	1	1

scdk列表

节点	所需存储空间
节点1	54
节点2	63
节点3	54
节点4	45
节点5	45

图 6.14　文件分发结果和存储需求

以上对分布式文件分发系统使用串行分发方式进行数据文件的分发做了讲解。接下来,开始对并行分发数据文件的介绍。首先修改配置文件中的"分发后文件位置"项的值,将其修改为"/data_transfer_fa_sync/",即表示要将文件分发到集群节点的/data_transfer_fa_sync/目录下,修改后单击"保存"按钮,如图 6.15 所示。

回到首页后,单击"并行分发文件"按钮,进行并行分发文件操作,由于之前进行了串行分发文件的操作并完成了数据文件的切分工作,因此只进行了

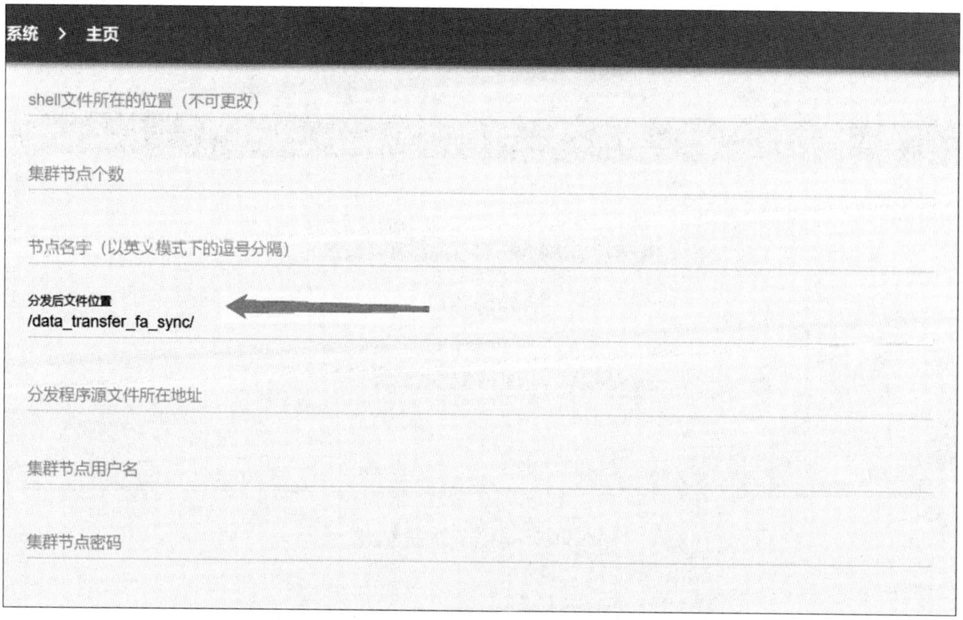

系统 > 主页
shell文件所在的位置（不可更改）
集群节点个数
节点名字（以英文模式下的逗号分隔）
分发后文件位置
/data_transfer_fa_sync/
分发程序源文件所在地址
集群节点用户名
集群节点密码

图 6.15　指定并行分发后的文件存储位置

数据分发结果存储路径的指定。并行分发的运行界面与串行分发基本保持一致，具体情况如图 6.16 所示。

文件分发系统 > 主页
并行分发
正在分发中...
正在加载日志...

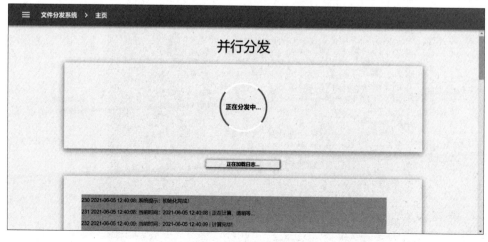

图 6.16　并行分发

并行分发操作完成后,能够看到分发成功的相关提示。单击"回到首页"按钮即可进行页面的跳转。提示页面如图 6.17 所示。

图 6.17 并行分发结果

如果暂时不想进行页面跳转,系统将自动把页面跳转到分发工作完成的页面。如图 6.18 所示,将网页滑动至最下方,可以看到进行本次数据文件分发所耗费的时间。

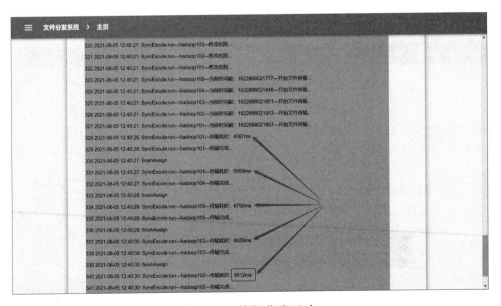

图 6.18 并行分发日志

同样，也可以回到主页后查看分发策略计算的结果。在这里将不对分发策略计算的结果查看过程进行赘述。

最后，我们来对刚刚进行的数据文件分发操作的结果进行查看。进入服务器的根目录，可以看到切分后小文件的目录 output_fa，如图 6.19 所示。

```
[root@hadoop101 /]# ll
总用量 110
dr-xr-xr-x.   2 root root  4096 5月   8 2020 bin
dr-xr-xr-x.   5 root root  1024 5月   8 2020 boot
drwxrwxrwx.   2 root root  4096 6月   5 12:18 data_transfer_fa_sque
drwxr-xr-x.   2 root root  4096 6月   5 12:40 data_transfer_fa_sync
drwxr-xr-x.  19 root root  3820 6月   5 10:05 dev
drwxr-xr-x. 120 root root 12288 6月   5 12:08 etc
drwxr-xr-x.   3 root root  4096 5月   8 2020 home
dr-xr-xr-x.  13 root root  4096 5月   8 2020 lib
dr-xr-xr-x.   9 root root 12288 5月   2 18:10 lib64
drwx------.   2 root root 16384 5月   8 2020 lost+found
drwxr-xr-x.   2 root root  4096 5月   8 2020 media
drwxr-xr-x.   2 root root     0 6月   5 10:04 misc
drwxr-xr-x.   3 root root  4096 5月   8 2020 mnt
drwxr-xr-x.   2 root root     0 6月   5 10:04 net
drwxrwxrwx.   6 root root  4096 6月   5 12:17 opt
drwxrwxrwx.   2 root root  4096 6月   5 11:45 output_fa
dr-xr-xr-x. 149 root root     0 6月   5 10:03 proc
dr-xr-x---.  27 root root  4096 6月   5 10:48 root
dr-xr-xr-x.   2 root root 12288 5月  20 10:49 sbin
drwxr-xr-x.   7 root root     0 6月   5 10:03 selinux
drwxr-xr-x.   2 root root  4096 9月  23 2011 srv
drwxr-xr-x   13 root root     0 6月   5 10:03 sys
drwxrwxrwt.  16 root root  4096 6月   5 12:37 tmp
```

图 6.19　切分后小文件存储路径

在每台节点上都可以看到刚刚在配置文件中指定的两个存储文件的目录 data_transfer_fa_sque 和 data_transfer_fa_sync，单个节点的存储文件目录和整个集群的存储文件目录如图 6.20 和图 6.21 所示。

```
[root@hadoop101 /]# ll
总用量 110
dr-xr-xr-x.   2 root root  4096 5月   8 2020 bin
dr-xr-xr-x.   5 root root  1024 5月   8 2020 boot
drwxrwxrwx.   2 root root  4096 6月   5 12:18 data_transfer_fa_sque
drwxr-xr-x.   2 root root  4096 6月   5 12:40 data_transfer_fa_sync
drwxr-xr-x.  19 root root  3820 6月   5 10:05 dev
drwxr-xr-x. 120 root root 12288 6月   5 12:08 etc
drwxr-xr-x.   3 root root  4096 5月   8 2020 home
dr-xr-xr-x.  13 root root  4096 5月   8 2020 lib
dr-xr-xr-x.   9 root root 12288 5月   2 18:10 lib64
drwx------.   2 root root 16384 5月   8 2020 lost+found
drwxr-xr-x.   2 root root  4096 5月   8 2020 media
drwxr-xr-x.   2 root root     0 6月   5 10:04 misc
drwxr-xr-x.   3 root root  4096 5月   8 2020 mnt
drwxr-xr-x.   2 root root     0 6月   5 10:04 net
drwxrwxrwx.   6 root root  4096 6月   5 12:17 opt
drwxrwxrwx.   2 root root  4096 6月   5 11:45 output_fa
dr-xr-xr-x. 149 root root     0 6月   5 10:03 proc
dr-xr-x---.  27 root root  4096 6月   5 10:48 root
dr-xr-xr-x.   2 root root 12288 5月  20 10:49 sbin
drwxr-xr-x.   7 root root     0 6月   5 10:03 selinux
drwxr-xr-x.   2 root root  4096 9月  23 2011 srv
drwxr-xr-x   13 root root     0 6月   5 10:03 sys
drwxrwxrwt.  16 root root  4096 6月   5 12:37 tmp
```

图 6.20　某个节点上文件分发结果存储路径

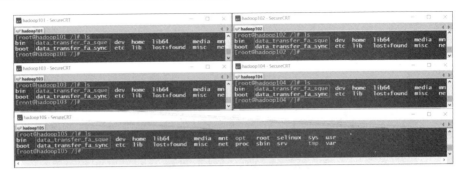

图 6.21　集群中文件分发结果存储路径

进入目录 data_transfer_fa_sque 查看使用串行分发方式进行数据文件分发的结果，如图 6.22 和图 6.23 所示。

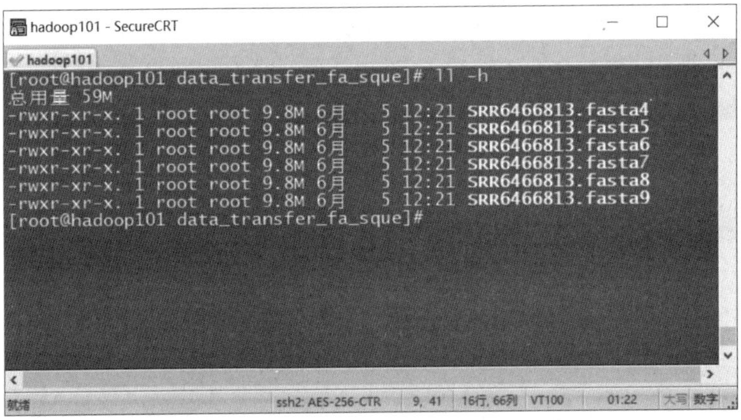

图 6.22　某个节点上串行分发结果

图 6.23　集群中串行分发结果

与上一步相似，可以进入目录 data_transfer_fa_sque 查看并行分发的结果，使用并行分发方式进行数据文件分发的结果如图 6.24 和图 6.25 所示。

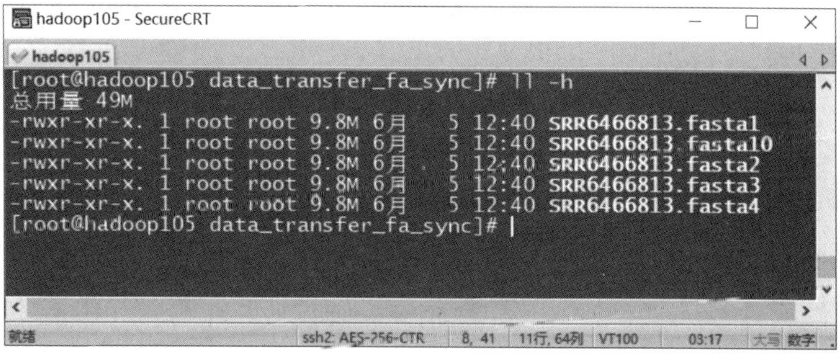

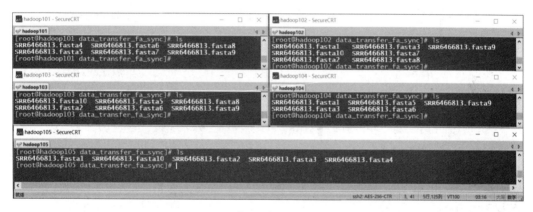

图 6.24　某个节点上并行分发结果

图 6.25　集群中并行分发结果

本节介绍了分布式文件分发框架使用方法。分布式文件分发框架实现了数据文件分发策略的计算、文件切分、数据文件的传输及两种传输数据的方式，以及必不可少的参数配置模块和日志记录模块。介绍分布式文件分发系统使用方法的目的在于帮助用户更好地使用好本系统及顺利地完成数据文件分发实验。

6.5.3 实验结果分析

本实验的假设是针对全比较文件问题,使得集群节点达到计算均衡,相比于传统的文件分发情况,减少存储需求量。在传输速度上,并行传输方式的使用将比串行传输快。

基于实验假设和实验数据,设计实验方案描述如下。

实验一:集群节点数为5,切分后的文件个数为10。实验的数据格式为*.fasta,文件大小为97.3MB。实验结果:成功文件分发,串行传输时间为38 330ms;并行传输时间为9054ms。计算量达到均衡。传统分发方式计算节点总需要的存储容量为97.3MB×5=486.5MB;基于计算均衡情况,节点需要的存储容量为360MB;基于计算均衡和最优化存储情况,节点需要的存储容量为261MB。

实验二:集群节点数为5,切分后的文件个数为9。实验的数据格式为*.fasta,文件大小为97.3MB。实验结果:成功文件分发,串行传输时间为34 144ms;并行传输时间为6644ms。计算量达到均衡。传统分发方式计算节点需要的存储容量为97.3MB×5=486.5MB;基于计算均衡情况,节点需要的存储容量为360MB;基于计算均衡和最优化存储情况,节点需要的存储容量为260MB。

实验三:集群节点数为5,切分后的文件个数为10。实验的数据格式为*.fq,文件大小为1.96GB。实验结果:成功文件分发,串行传输时间为411 841ms;并行传输时间为211 996ms。计算量达到均衡。传统分发方式计算节点需要的存储容量为2007.04MB×5=10 035.2MB;基于计算均衡情况,节点需要的存储容量为8040MB;基于计算均衡和最优化存储情况,节点需要的存储容量为5628MB。

实验四:集群节点数为5,切分后的文件个数为9。实验的数据格式为*.fq,文件大小为1.96GB。实验结果:成功文件分发,串行传输时间为

139 642ms；并行传输时间为 114 034ms。计算量达到均衡。传统分发方式计算节点需要的存储容量为 2007.04MB×5＝10 035.2MB；基于计算均衡情况，节点需要的存储容量为 8288MB；基于计算均衡和最优化存储情况，节点需要的存储容量为 5824MB。

　　实验结果表明使用文件分发策略算法进行文件分发策略的计算，进行文件分发会比传统的分发方式需要更少的存储容量。并行传输相比串行传输会节省时间。以上实验结论与源文件大小无关。上述 4 个实验的所需存储容量对比情况如图 6.26 所示。

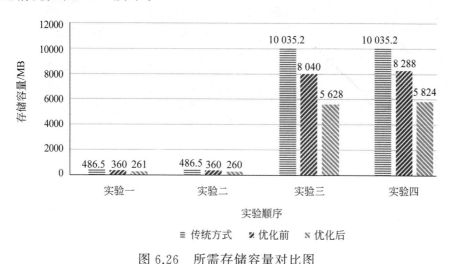

图 6.26　所需存储容量对比图

　　文件分发功能由预处理模块、分发策略计算模块、文件分发模块组成。文件分发部分，先由预处理模块从 HDFS 获取文件信息，以便进行分发策略的计算，分发策略计算模块，其主要功能就是进行分发策略的计算及分发策略的获取。传输文件的任务是由文件传输模块来承担的，文件传输主要依靠 SSH 协议进行文件流的传输。文件分发功能模块采用 Java 语言实现，在完成了一系列的设计工作后，使用 Eclipse 编译 Java 代码，并将代码打包成可运行的 jar 文件，上传到 Hadoop 环境下，使用 Hadoop 相关命令执行程序。

　　现有 10 个基因序列比对文件，要分发至 5 个节点，10 个文件的大小均为

9.37MB，通过执行分发程序，即可将 10 个文件从 HDFS 系统发往各个节点，实现数据的本地化。文件分发结果显示窗口如图 6.27 所示。

图 6.27　文件分发结果显示窗口

6.6　本章小结

本章主要对分布式文件分发框架结构设计、文件分发策略计算、文件传输和分布式文件分发系统实现进行了描述，阐述了分布式文件分发系统的具体使用方法，最后通过相关实验验证了系统功能。

参考文献

[1]　IMRAN S，MAHMOOD T，MORSHED A，et al. Big Data Analytics in Healthcare：A Systematic Literature Review and Roadmap for Practical Implementation[J].IEEE/CAA Journal of Automatica Sinica，2021，8(11)：1-22.

［2］　郝志峰,黄泽林,蔡瑞初,等.基于 YARN 的分布式资源动态调度与协同分配系统［J］.计算机工程,2021,47(2)：226-232.

［3］　郭敏杰.大数据和云计算平台应用研究［J］.现代电信科技,2014,44(8)：7-11,16.

［4］　史博轩,章峰,蒋文保.基于 ZooKeeper 的全网统一信任锚模型研究［J］.计算机应用研究,2020,37(12)：3722-3725.

［5］　陆兴.用 PComm 开发 Windows 环境下的串口文件传输程序［A］.中国仪器仪表学会.

［6］　中国仪器仪表学会.全国第十五届计算机科学与技术应用学术会议论文集［C］.中国仪器仪表学会微型计算机应用学会,2003：6.